사진 & 일러스트로 보는 꿈의 자동차 기술 **Motor Fan** illustrated

Motor Fan

illustrated Vol. 17

밸브 트레인 & 튜브

Valvetrain &
Engine Compression Ratio

GoldenBell
www.gbbook.co.kr

Motor Fan illustrated Special Edition
CONTENTS

004 도해특집 엔 진

「뺄셈」이 시작된 엔진을 밸브 계통의 진보가 지원한다.

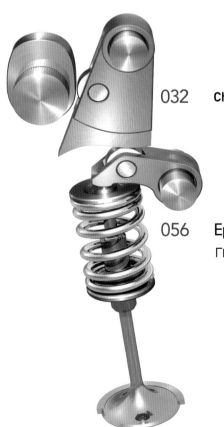

058 도해특집 압축비

전 운전영역을 체적비로 운전할 수 있을까

Engine

Val
Mania

도해 특집 : **엔 진**

vetrain
cs!!!!

엔진이 점차로 고성능화(Potential up) 되어가는 경향이 뚜렷하다. 지금까지의 상식을 뛰어넘는 신기술이나 신소재가 도래한 것은 아니지만 가능한 범위 내에서 조금씩 그리고 착실하게 거듭하면서 엔진의 진화는 계속되고 있다. 개량에 있어서 많은 부분을 떠맡고 있는 곳은 밸브 기구이다. 연소실에서 출입 통로의 개폐를 담당하는 복잡한 구조가 실린더 내에서의 연소를 컨트롤하고 있다. 그 「복잡한 구조」는 어떻게 작동되고 있는 것일까? 최근의 「가변기구」란 도대체 무엇을 하고 있는 것일까? 이것들은 엔진이나 자동차 그리고 운전자에게 무엇을 초래하는 것일까? 밸브 트레인을 여러 가지 관점에서 생각해보자.

밸브 트레인 · 마니아	실린더 헤드 및 밸브 계통의 구조와 최신 사례

basics of **VALVETRAIN**

밸브 트레인의 구조와 배치

엔진의 특성을 결정한다고 말해도 과언이 아닌 밸브 트레인은 많은 부품으로 구성되어 있으며,
상당히 복잡하고 치밀하게 형성되어 있는 시스템이다.
역사 이래로 많은 기술이 나타났다 사라지며, 현재의 구조로 수렴하게 되었다. 모든 부품에는 형상과 기능에 그 나름 대로의 이유가 있는 것이다.
여기에서는 현재의 엔진에서 일반적인 4기통 DOHC 4밸브를 주제로 하여 그 각각의 역할을 재확인 해보자.

글 : MFi   그림 : Renault/Ford/BMW

스템 실(Stem Seal)

실린더 헤드 내의 오일이 연소실로 들어가는 것을 방지하는 수지제의 부품이다. 밸브 스템에 설치된다.

코터(Cotter)

어퍼 스프링 시트를 밸브 스프링 위에 결합시키기 위한 쐐기형의 부품이다. 스템에 끼워 넣는다.

밸브(Valve)

혼합기나 연소가스 등의 유입과 유출을 담당하는 밸브이다. 리시프로케이팅 엔진(Reciprocating Engine)에서는 원형＋샤프트의 버섯 모양의 형상이 일반적이다.

어퍼 스프링 시트(Upper Spring Seat)

밸브 스프링을 실린더 헤드에 결합하기 위한 부품이다. 코터로 위치를 고정한다.

버킷 태핏(Bucket Tappet)

다이렉트 타입(直動式)에서 캠 로브의 입력을 받는 부품이다. 밸브 스템에 덮어씌우는 모양으로 설치된다.

밸브 가이드(Valve Guide)

실린더 헤드에 설치된 밸브를 지지해주는 관이다. 동(銅) 제품으로 밸브의 열을 헤드로 전달하여 방열시키는 역할도 담당한다.

배기 포트(Exhaust Port)

실린더 헤드에 설치되어 배기가스가 흐르는 통로이다. 배기 매니폴드로 연결된다.

배기 밸브 시트((Exhaust Valve Seat)

배기 밸브가 실린더 헤드에 밀착되는 부위이다. 특수 합금을 소결 성형하여 실린더 헤드에 박아 넣는다.

밸브 스프링(Valve Spring)

밸브의 개폐에서 특히 닫는 동작을 담당하는 부품(열리는 동작은 캠의 미는 힘이다. 이상적인 것은 가볍고 진동하지 않는 특성을 갖는 것이다.

루워 스프링 시트(Lower Spring Seat)

밸브 스프링과 실린더 헤드의 사이에 배치된 부품이다. 헤드 측의 마모를 방지하는데 기여한다.

흡기 밸브 시트(Intake Valve Seat)

예전에는 연료에 함유된 납이 섭동유로 유활하였지만 무연화 이후에는 재료의 질을 개량하여 내구성을 현저하게 향상시켰다.

흡기 포트(Intake Port)

실린더 헤드 내의 혼합기 혹은 새로운 공기의 통로이다. 흡기 매니폴드로부터 접속되는 부위이다.

---

❶ 타이밍 벨트(Timing belt)

크랭크샤프트의 회전을 밸브 기구에 전달하는 부품이다. 보강을 한 수지제의 제품으로서 내측은 요철로 처리되어 있고 스프로킷(Sprocket)의 톱니와 서로 맞물리는 구조이다. 요철의 간격이 하나라도 어긋나면 큰일이기 때문에(밸브와 피스톤이 충돌할 위험성) 톱니의 수와 장력은 엄밀하게 관리된다. 최근에는 체인식이 주류이다.

❷ 흡기 캠 스프로킷(VVT 부착)

타이밍 벨트의 회전을 받는 기어로 캠 샤프트에 직접 결합된다. 즉, DOHC는 캠 샤프트가 2개이므로 캠 스프로킷도 2개이다. 엔진 회전의 1/2로 감속되어 캠 샤프트를 동작시킨다. 그림에서는 밸브의 개폐시기를 가변시키는 VVT(Variable Valve Timing)가 설치되어 있다(P26).

❸ 배기 캠 스프로킷

마찬가지로 배기 캠 샤프트를 회전시키기 위한 기어이다. 그림은 고정식 스프로킷이지만 최근에는 흡배기 모두 VVT를 설치하여 EGR(배기가스 재순환)이나 소기(scavenging) 등을 실행시킴으로써 엔진의 효율 향상에 기여하는 엔진도 등장하고 있다.

❹ 흡기 로커 암

캠 샤프트로부터 입력을 받아 그 힘을 밸브의 개폐로 변환하는 시소(seesaw) 형상의 부품이다. 지지점에는 래시 어저스터(Lash adjuster : 밸브 간극을 자동으로 조정하는 부품). 힘을 가하는 점에는 저항을 감소시키기 위한 롤러를 설치하는 것이 현재의 추세이다. 그림에서는 보이지 않지만 배기 측에도 물론 설치된다.

❺ 흡기 캠 로브(cam lobe)

캠 샤프트에 설치된「돌기」부분이다. 회전하는 봉에 돌기를 설치하여 회전운동을 왕복운동으로 변환시킨다.「확 열리고 딱 닫힌다」는 것이 이상적이지만 밸브의 개폐에 따른 충격을 완화시키기 위하여 돌기의 형상에는 많은 연구가 응축되어 있다.

❻ 배기 캠 로브

배기 밸브를 개폐시키기 위한 배기 캠 위의「돌기」이다. 돌기를 높게 만들면 밸브의 리프트 양은 증가하며, 돌기의 경사면이 넓어지면 열려있는 시간이 증가된다. 엔진의 부하 상황에 따라 돌기의 높이나 형상이 변화하는 것이 이상적이지만 그것은 불가능한 것이므로 VVL이 고안되었다(P32).

❼ 흡기 밸브

혼합기 또는 새로운 공기나 연료가 연소실에 유입되는 것을 제어하는 밸브이다. 고속으로 왕복운동을 하기 때문에(엔진의 회전수가 2000rpm이라면 매분 1000회의 개폐) 경량인 것이 바람직하지만 연소의 압력을 받고 동시에 확실하게 밀폐시키기 위해서는 강도도 요구된다.

❽ 배기 밸브

연소 시의 열을 어떻게 실린더 헤드 측으로 전달을 잘하여 방열시킬까라는 점도 밸브에 요구되는 하나의 과제이다. 배기 밸브는 스템부를 포함하여 중공의 구조로 되어 있으며, 내부에 나트륨 등을 충전시켜 효율적으로 밸브 헤드부의 열을 흡수하도록 하는 구조가 증가되어 왔다.

❾ 흡기 캠 샤프트

파이프 형상의 주조품을 절삭 가공하는 것이 일반적인 제조법이지만 한편으로는 캠 로브를 샤프트를 통해 고정하는 방법이나 중공의 샤프트에 캠 로브를 세트시키고 내측에서 고압을 가하여 고정하는 방법 등 새로운 제조 방법으로의 접근도 등장하기 시작하였다.

❿ 배기 캠 샤프트

개폐시킬 밸브의 수만큼 캠 로브를 설치한 막대 형상의 부품이다. 4기통 4밸브라면 8개의 캠 로브가 설치된다. 엔진 회전수의 절반(1/2)으로 회전한다. 기통의 수, 보어의 직경 등에 의하여 전체 길이가 결정되는데 길어지면 회전시에 비틀림이 발생하기 쉽다.

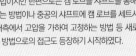

about :

VALVETRAIN

우선, 밸브 트레인이 무엇인지 생각하여 보자. 많은 부품으로 구성된 시스템이 어떻게 구성되었고 어떻게 작동하며,
효과를 발휘하고 있는 것인지. 밸브 트레인의 기본에 대해서 자세히 알아보자.

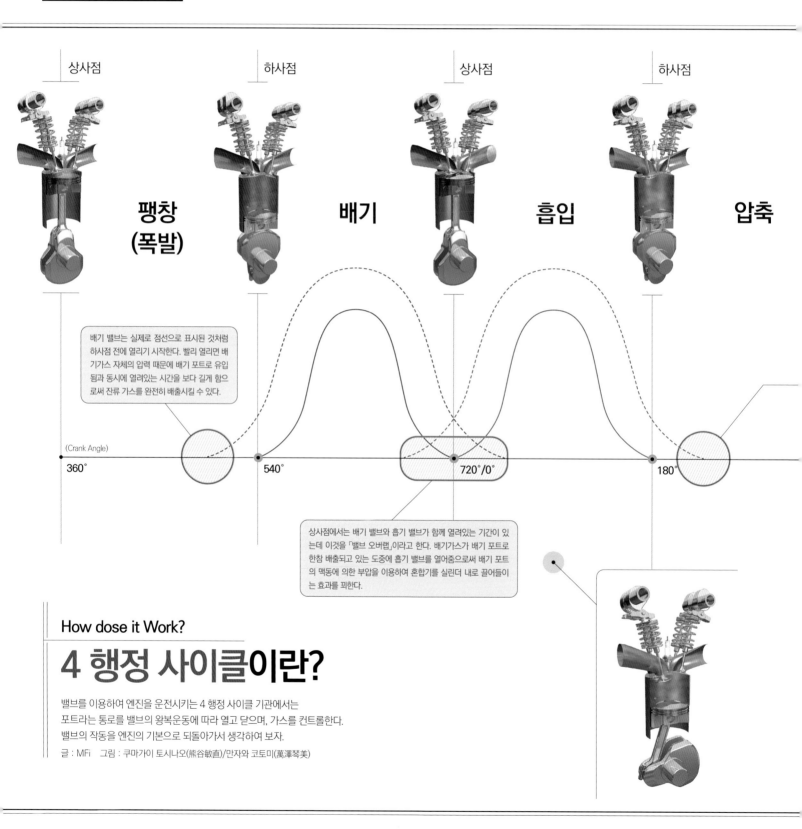

상사점   하사점   상사점   하사점

**팽창
(폭발)**   **배기**   **흡입**   **압축**

배기 밸브는 실제로 점선으로 표시된 것처럼
하사점 전에 열리기 시작한다. 빨리 열리면 배
기가스 자체의 압력 때문에 배기 포트로 유입
됨과 동시에 열려있는 시간을 보다 길게 함으
로써 잔류 가스를 완전히 배출시킬 수 있다.

(Crank Angle)
360°   540°   720°/0°   180°

상사점에서는 배기 밸브와 흡기 밸브가 함께 열려있는 기간이 있
는데 이것을 「밸브 오버랩」이라고 한다. 배기가스가 배기 포트로
한참 배출되고 있는 도중에 흡기 밸브를 열어줌으로써 배기 포트
의 맥동에 의한 부압을 이용하여 혼합기를 실린더 내로 끌어들이
는 효과를 꾀한다.

How dose it Work?

4 행정 사이클이란?

밸브를 이용하여 엔진을 운전시키는 4 행정 사이클 기관에서는
포트라는 통로를 밸브의 왕복운동에 따라 열고 닫으며, 가스를 컨트롤한다.
밸브의 작동을 엔진의 기본으로 되돌아가서 생각하여 보자.

글 : MFi   그림 : 쿠마가이 토시나오(熊谷敏直)/만자와 코토미(萬澤琴美)

4행정 사이클이란 리시프로케이팅 엔진(피스톤이 왕복= Reciprocating Engine)에서 분류 방법의 하나로 피스톤이 「흡입」, 「압축」, 「팽창」, 「배기」로 4회의 행정을 함으로써 1사이클을 완료하는 엔진이다. 마찬가지로 리시프로케이팅 엔진에서는 2행정 사이클(피스톤 하강시 : 팽창~배기[소기]/피스톤 상승시 : 흡입[소기]~압축)과 6행정 사이클(흡입/압축/팽창/배기/소기/소기 배기)이 있으며, 그 외에 리시프로케이팅 엔진과는 별도로 로터리 엔진(로터가 회전=Rotary Engine)이 존재한다.

4행정 사이클에서는 포핏 밸브(poppet valve)에 의한 흡·배기 포트의 개방과 밀폐가 매우 중요하다. 그 개폐의 작동에 따라 가스의 흐름이 컨트롤 되고 엔진의 특성이 크게 변화한다. 그러므로 4행정 사이클 엔진은 예전부터 여러 가지의 수단에 의하여 밸브 기구의 효율 향상을 추구해왔다. 그리고 지금도 「가변 밸브 기구」에 의해 성능의 향상이 계속되고 있다.

상사점

마찬가지로 흡입 행정이 끝나 하사점을 넘으면 흡기 포트는 닫힌다. 유입되는 혼합기에도 관성이 있어 「한번 흐르던 것이 갑자기 멈출 수 없기」때문에 흡기 포트 안으로 흐르는 가스를 조금이라도 더 많이 실린더 안으로 충전하기 위하여 이루어지는 수단이다.

360°

| 상사점 | 하사점 | 상사점 | 하사점 | 상사점 |
| 팽창 | 배기 | 흡입 | 압축 | |

(Crank Angle)
360° 540° 720°/0° 180° 360°

가변 밸브 타이밍이란

밸브이 리프트 양(세로 축)은 변화시키지 않고 개폐의 타이밍(가로 축)만을 변화시키는 것이 가변 밸브 타이밍 기구이다. 그래프에 나타낸 것처럼 원래의 커브에 대하여 같은 형을 전후로 어긋나게 한 프로파일(profile)이 된다. 기구로서는 캠 스프로킷과 캠 샤프트의 체결부에서 변화시키는 시스템을 설치하는 것으로 실현시킨다. 캠 돌기의 형상에는 변화가 없으므로 위상 만 변화하는 커브가 되는 것이다.

| 상사점 | 하사점 | 상사점 | 하사점 | 상사점 |
| 팽창 | 배기 | 흡입 | 압축 | |

(Crank Angle)
360° 540° 720°/0° 180° 360°

가변 밸브 리프트란

밸브의 리프트 양(세로 축)을 포함하여 밸브의 작동을 변화시키는 것이 가변 밸브 리프트 기구이다. 구체적으로는 저부하 시에 스로틀 밸브 부분에서 발생되는 펌핑 로스의 저감 등을 목적으로 하며, 밸브의 리프트 양과 열림 각을 작게 하는 시스템, 저부하 및 고부하의 변환 시스템 등이 일반적이다. 그 실현에는 많은 방책이 있으며, 각 회사 나름의 기술과 사상(思想)을 담고 있다.

● 이 캠 프로파일을 다이어그램으로 표시해 보면………

흡배기 밸브의 그래프를 원형(크랭크 앵글)으로 한 것이 밸브 타이밍 다이어그램(그림은 이미지)이다. 「언제 흡기 밸브가 열리고 닫히는지」「어느 정도 무거워졌는지」가 일목요연하여 가변 밸브 타이밍을 다이어그램으로 하면 보다 이해하기 쉬워진다.

TDC(상사점)
BTDC (상사점 전)
ATDC (상사점 후)
84°
흡기 캠
배기 캠
47° 37°
103° 103°
83°
ABDC (하사점 후)
73°
BBDC (하사점 전)
BDC(하사점)

TDC는 Top Dead Center
BDC는 Bottom Dead Center의 약어.

두 행정사이에서 밸브가 작동한다.

가로 축을 크랭크 앵글, 세로 축을 밸브 리프트 양으로 하여 4행정 사이클을 그래프화 하였다. 빨간 선이 배기 밸브, 파란 선은 흡기 밸브의 작동이다. 그리고 실선은 각각의 행정 내에서 캠 리프트의 개폐 작동을 완료한 것, 점선은(리프트 양을 포함하여) 개폐의 영역을 넓힌 그래프이다. 밸브가 열리는 것은 「배기」와 「흡입」으로 「압축」과 「팽창」에 있어서는 밸브가 작동하지 않으며, 포트를 밀폐하여 연소실의 압력을 높이고 있다. 실제의 동작에서는 점선에 나타난 것처럼 밸브 리프트가 실행되고 있다. 밸브가 열리고 나서 유입이 시작될 때까지에는 타임 래그(time lag)가 있는데 거기로부터 역산하면 목표로 하는 시기의 충전 효율을 최대로 하기 위해서 빨리 열고 늦게 닫을 필요가 있기 때문이다.

SKYACTIV-G2.0의 밸브 타이밍 변화와 목적

이상적인 흡배기 밸브의 개폐는 앞 페이지에 서술한 그대로이다. 흡기 행정과 배기 행정에서 밸브는 작동하고 있다.
그러면 실제로 엔진에서는 어떻게 작동하고 있을까? 세계 최첨단 밸브 구동 상태를 SKYACTIV-G2.0을 예로 들어 살펴보자.

글 : 마츠다 유지(松田勇治) 그림 : 만자와 코토미((萬澤琴美)/MAZDA

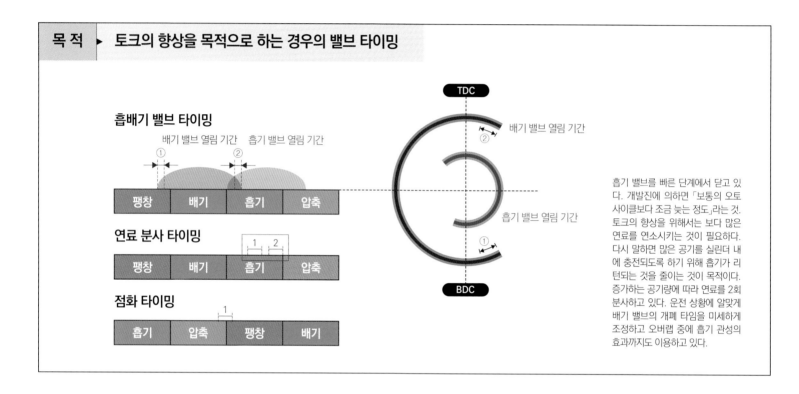

목적 ▶ **토크의 향상을 목적으로 하는 경우의 밸브 타이밍**

흡기 밸브를 빠른 단계에서 닫고 있다. 개발진에 의하면 「보통의 오토 사이클보다 조금 늦은 정도」라는 것. 토크의 향상을 위해서는 보다 많은 연료를 연소시키는 것이 필요하다. 다시 말하면 많은 공기를 실린더 내에 충전되도록 하기 위해 흡기가 리턴되는 것을 줄이는 것이 목적이다. 증가하는 공기량에 따라 연료를 2회 분사하고 있다. 운전 상황에 알맞게 배기 밸브의 개폐 타임을 미세하게 조정하고 오버랩 중에 흡기 관성의 효과까지도 이용하고 있다.

2011년 9월 27일 2세대 BL계 MAZDA Axela의 마이너 모델 체인지(minor model change)에 맞추어 드디어 SKYACTIV-G2.0 엔진(형식명 PE-VPS)가 일본 시장에 투입되었다. 6월 9일 3세대 DE계 Demio의 마이너 모델 체인지와 함께 등장한 SKYACTIV-G 제 1탄의 P3-VPS형은 새로운 기계를 축으로 얻어진 성능의 향상 폭이 연비 성능에 크게 할당된 튜닝이었다고 설명하고 있다. 반면에 Axela에 탑재된 PE-VPS형은 출력의 성능과 연비를 높은 레벨에서 양립시키는 것을 테마로 하여 튜닝을 진행하였다고 개발진은 설명하고 있다.

필자도 시승을 해 보았는데 엔진의 회전수가 매우 낮은 영역에서도 실용적인 토크를 착실하게 발생시켜 다루기 쉬운 점과 기분이 좋고 편안함을 겸비한 밸런스가 좋은 엔진이라는 인상을 받았다.

그런데 SKYACTIV-G에 대해서는 「압축비 14」「4-2-1 집합 배기 매니폴드」「cavity가 있는 피스톤」등이 상징적인 기술로서 소개되는 경우가 많은데 고도의 가변 밸브제어를 실행하고 있는 점도 연비 및 출력 성능의 개선에 크게 기여하고 있다.

흡기 측에서는 엔진을 시동한 순간부터 기능을 하고 또한 반응속도가 빠른 전동 VVT(MAZDA의 표기로는 S-VT)를 투입하여 흡기 밸브가 늦게 닫히는 밀러 사이클(Miller cycle) 운전 영역을 큰 폭으로 확대하여 펌프의 손실을 줄이고 있다. 배기 측에서는 유압식 VVT를 채용하고 흡기 측의 밸브 개폐 타이밍과 아울러 내부 EGR의 촉진 등 효능을 얻고 있다.

「흡기 밸브를 늦게 닫는 타이밍은 보통 기껏해야 하사점 후 50°에서 60° 정도이지만 SKYACTIV-G 2.0에서는 분발하여 최대 110°까지 되고 있다. 베이스의 압축비를 12로 높게 설정할 수 있기 때문에 이 정도로 넓은 영역에서 배기 밸브를 늦게 닫는 운전이 실현 가능하고 연비의 향상과 출력의 성능 향상에 공헌하고 있는 것이다.」라고 히토미 미츠오 파워 트레인 개발 본부장도 역설하고 있다.

그러면 구체적으로는 어떻게 밸브 타이밍을 제어하고 있는 것일까? 개발진으로부터 제공된 자료를 바탕으로 주행의 조건과 목적마다 세세하게 제어되고 있는 밸브 타이밍의 변동을 설명하려 한다. 그림은 좌측이 4 행정 사이클의 각 행정을 나타내고 「흡배기 밸브 개폐」「연료 분사」「점화」가 어느 행정의 어느 시기에 실행되고 있는 지를 나타내고 있다. 밸브 타이밍 행정 그림 위에 있는 반원은 밸브의 리프트 양을 이미지하고 있다고 생각하길 바란다. 적색이 배기 밸브, 청색이 흡기 밸브를 나타내고 있다. 우측의 밸브 타이밍 다이어그램은 시계방향으로 역시 적색이 배기, 청색이 흡기를 가리킨다. 밸브 타이밍 행정 그림 위에 있는 화살표로 표시한 범위는 다이어그램에 따른 화살표와 같은 의미로 개폐 타이밍의 조정 폭을 나타내고 있다.

다이어그램을 보는데 익숙하지 않으면 작동상황을 이미지하기가 어렵지 않을까 라는 생각도 들지만 귀중한 자료이므로 꼭 곰곰이 잘 읽어 이해하여 현재의 엔진이 얼마나 복잡한 흡배기 컨트롤을 실행하고 있는지를 이해하길 바란다.

목 적	▶ 연비·이미션(Emission)과 연소 안정성의 양립을 목적으로 한 경우

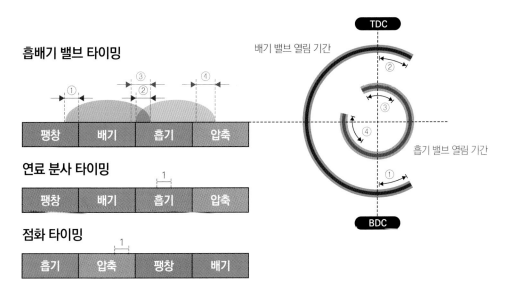

흡배기 밸브 타이밍

연료 분사 타이밍

점화 타이밍

배기 밸브 열림 기간

흡기 밸브 열림 기간

TDC

BDC

온 간

SKYACTIV-G2.0이 흡기 밸브를 가장 늦게 닫는 운전 상황으로서 다이어그램을 보더라도 알 수 있듯이 최대로 흡기 하사점 후 90° 이상, 110° 부근까지 흡기 밸브를 열고 있다. 목적은 물론 연비의 향상을 위한 펌프 손실의 저감이다. 실제 흡기량이 감소하기 때문에 연료의 분사는 1회. 배기(Emission) 성능의 확보를 위하여 배기 밸브의 개폐시기를 소상힘으로써 오비랩 량을 미세하게 조정하고 내부 EGR의 양을 최적화하고 있다.

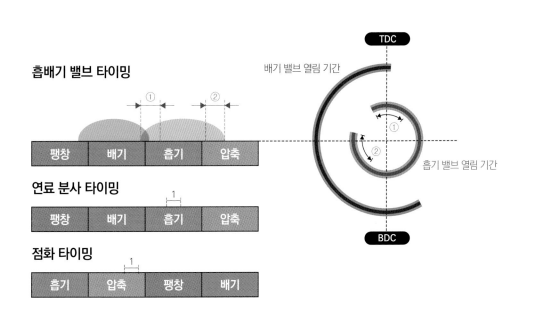

흡배기 밸브 타이밍

연료 분사 타이밍

점화 타이밍

배기 밸브 열림 기간

흡기 밸브 열림 기간

TDC

BDC

냉 간

흡기 밸브는 역시 최대로 흡기 하사점 후 90° 이상까지 늦게 닫히지만 온간 시와는 달리 배기 밸브는 상사점 후 곧 닫히고 개폐시기의 미세 조정도 실행하지 않는다. 냉간 시에 연소의 안정성을 높이기 위해서는 실린더 내의 온도를 가급적 빠르게 높이는 것이 중요하다. 그렇기 때문에 귀중한 「열원」인 잔류가스를 많이 방출하는 것이 좋은 계책이 아니기 때문이다. 따라서 오버랩 량의 조정은 흡기 밸브 측에만 실행하고 있다.

흡기 밸브가 늦게 닫히는 밀러 사이클

오토 사이클 엔진은 실린더 내의 압축비와 팽창비가 같은 「등량 사이클」이다. 이에 반하여 팽창비가 압축비보다도 높아지는 이론 사이클을 고안자의 이름을 따서 「아트킨슨 사이클(Atkinson cycle)」이라고 부른다. 아트킨슨이 고안한 엔진은 크랭크에 링크 기구를 조합하여 행정마다 실제의 행정을 변화시키는 것이지만 흡기 밸브를 일찍 또는 늦게 닫히도록 함으로써 같은 효과를 얻는 기구를 역시 고안자의 이름을 따서 「밀러 사이클(Miller cycle)」이라고 부른다.

흡기~압축 행정(흡기 밸브가 늦게 닫히는 밀러 사이클)

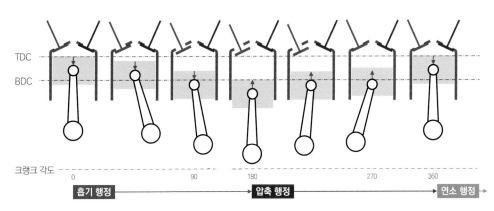

TDC
BDC

크랭크 각도

0   90   180   270   360

흡기 행정 ▶   압축 행정 ▶   연소 행정 ▶

아이들(Idle) 시

흡배기 밸브 타이밍

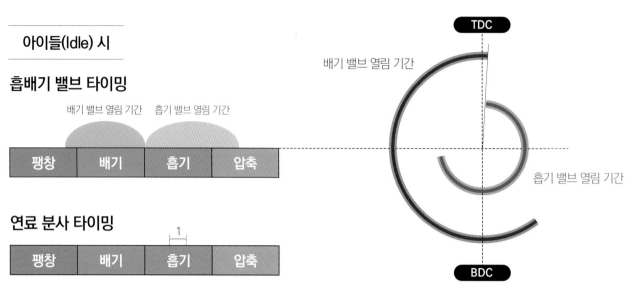

배기 밸브 열림 기간　　흡기 밸브 열림 기간

팽창	배기	흡기	압축

연료 분사 타이밍

1

팽창	배기	흡기	압축

점화 타이밍

1

흡기	압축	팽창	배기

이 장면은 구체적으로 콜드 스타트(Cold start) 직후라고 생각하면 된다. 냉간 시에 연소의 안정성을 높이기 위해서는 실린더 내의 온도를 빨리 높이는 것이 중요하다. 그래서 열원이 되는 잔류가스의 양을 증가시키기 위하여 배기 상사점을 지나면 배기 밸브를 곧 닫아버리고 흡기 밸브와의 오버랩도 제로로 한다. 한편으로 기계손실을 줄이기 위하여 흡기 밸브는 흡기 하사점 후 80° 근처까지 늦추어 닫고 있다.

주행 시

흡배기 밸브 타이밍

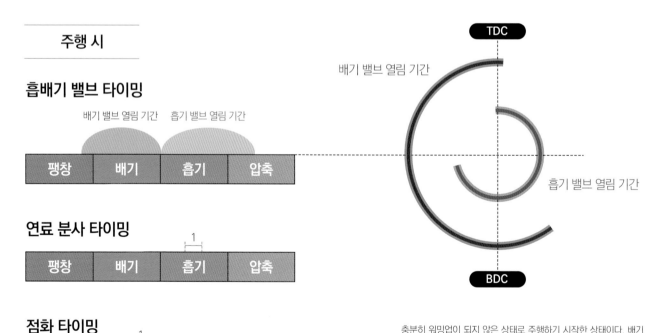

배기 밸브 열림 기간　　흡기 밸브 열림 기간

팽창	배기	흡기	압축

연료 분사 타이밍

1

팽창	배기	흡기	압축

점화 타이밍

1

흡기	압축	팽창	배기

※ 아이들(IDLE)의 판정은 차속 센서와 스로틀 밸브 개도로 판정하고 있다.

충분히 워밍업이 되지 않은 상태로 주행하기 시작한 상태이다. 배기 밸브는 공회전시와 마찬가지로 잔류가스 량을 증가시키기 위하여 배기 상사점 직후에 닫히지만 그 전에 흡기 밸브를 배기 상사점에서 열어 줌으로써 약간의 오버랩 기간을 두어 내부의 EGR을 실행하고 있다. 흡기나 배기 밸브 타이밍의 미세 조정은 하지 않으며, 실린더 내의 온도 상승을 촉진시키기 위하여 가장 적합한 타이밍을 유지한 상태로 운전하고 있다.

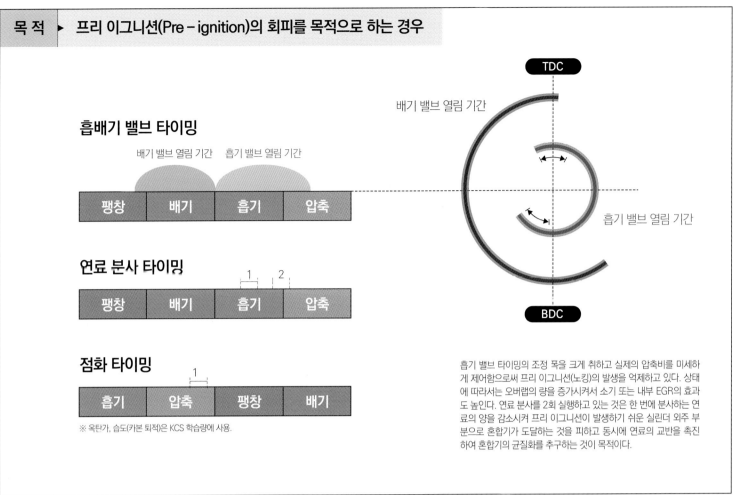

흡배기 밸브 타이밍

배기 밸브 열림 기간 | 흡기 밸브 열림 기간

| 팽창 | 배기 | 흡기 | 압축 |

연료 분사 타이밍

1   2

| 팽창 | 배기 | 흡기 | 압축 |

점화 타이밍

1

| 흡기 | 압축 | 팽창 | 배기 |

※ 옥탄가, 습도(카본 퇴적)은 KCS 학습량에 사용.

TDC

배기 밸브 열림 기간

흡기 밸브 열림 기간

BDC

흡기 밸브 타이밍의 조정 폭을 크게 취하고 실제의 압축비를 미세하게 제어함으로써 프리 이그니션(노킹)의 발생을 억제하고 있다. 상태에 따라서는 오버랩의 량을 증가시켜서 소기 또는 내부 EGR의 효과도 높인다. 연료 분사를 2회 실행하고 있는 것은 한 번에 분사하는 연료의 양을 감소시켜 프리 이그니션이 발생하기 쉬운 실린더 외주 부분으로 혼합기가 도달하는 것을 피하고 동시에 연료의 교반을 촉진하여 혼합기의 균질화를 추구하는 것이 목적이다.

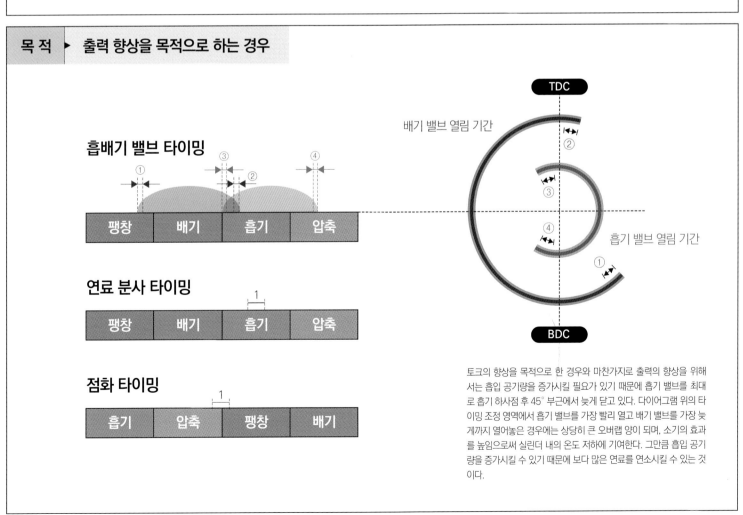

흡배기 밸브 타이밍

① ③ ② ④

| 팽창 | 배기 | 흡기 | 압축 |

연료 분사 타이밍

1

| 팽창 | 배기 | 흡기 | 압축 |

점화 타이밍

1

| 흡기 | 압축 | 팽창 | 배기 |

TDC

배기 밸브 열림 기간

②

③

④

흡기 밸브 열림 기간

①

BDC

토크의 향상을 목적으로 한 경우와 마찬가지로 출력의 향상을 위해서는 흡입 공기량을 증가시킬 필요가 있기 때문에 흡기 밸브를 최대로 흡기 하사점 후 45° 부근에서 늦게 닫고 있다. 다이어그램 위의 타이밍 조정 영역에서 흡기 밸브를 가장 빨리 열고 배기 밸브를 가장 늦게까지 열어놓은 경우에는 상당히 큰 오버랩 양이 되며, 소기의 효과를 높임으로써 실린더 내의 온도 저하에 기여한다. 그만큼 흡입 공기량을 증가시킬 수 있기 때문에 보다 많은 연료를 연소시킬 수 있는 것이다.

밸브의 개폐를 제어하면 어떤 효과를 얻을 수 있을까?

지금, 자동차의 세계에서는 여러 가지 호칭의 가변 밸브 기구가 존재한다.
이것들은 「무엇을」 「어떻게」 제어하고, 어떠한 효과를 얻고 있는 것일까?
대표적인 제어를 그 가변의 내용별로 분류하여 보았다.

글 : 마키노 시게오(牧野茂雄)　사진 : FORD/RENAULT/TOYOTA　ACKNOWLEDGEMENT : 하타무라 코이치(畑村耕一) 박사

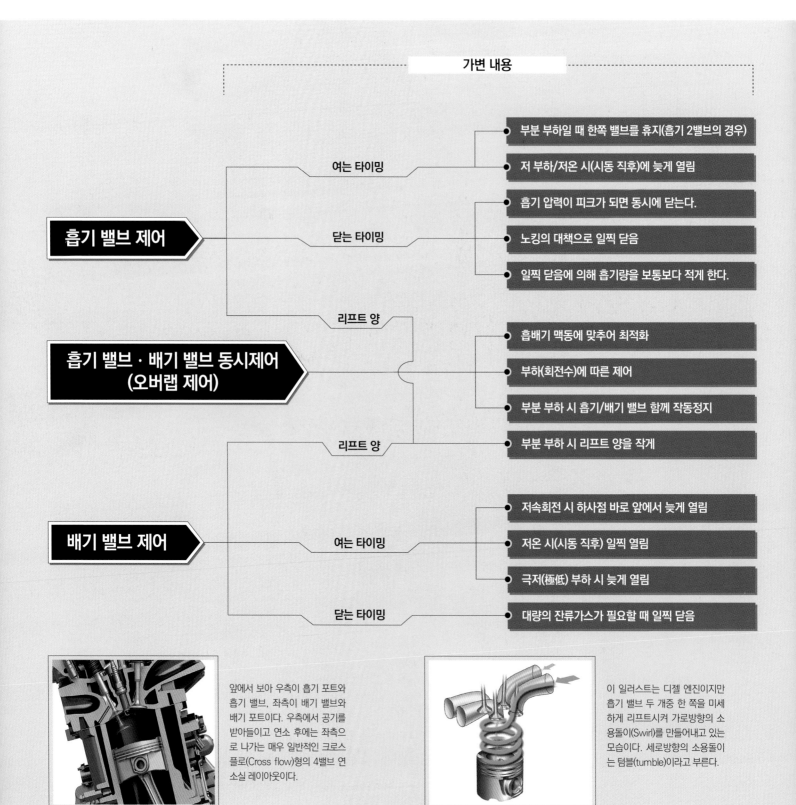

가변 내용

흡기 밸브 제어

여는 타이밍
- 부분 부하일 때 한쪽 밸브를 휴지(흡기 2밸브의 경우)
- 저 부하/저온 시(시동 직후)에 늦게 열림

닫는 타이밍
- 흡기 압력이 피크가 되면 동시에 닫는다.
- 노킹의 대책으로 일찍 닫음
- 일찍 닫음에 의해 흡기량을 보통보다 적게 한다.

흡기 밸브 · 배기 밸브 동시제어 (오버랩 제어)

리프트 양
- 흡배기 맥동에 맞추어 최적화
- 부하(회전수)에 따른 제어
- 부분 부하 시 흡기/배기 밸브 함께 작동정지
- 부분 부하 시 리프트 양을 작게

배기 밸브 제어

여는 타이밍
- 저속회전 시 하사점 바로 앞에서 늦게 열림
- 저온 시(시동 직후) 일찍 열림
- 극저(極低) 부하 시 늦게 열림

닫는 타이밍
- 대량의 잔류가스가 필요할 때 일찍 닫음

앞에서 보아 우측이 흡기 포트와 흡기 밸브, 좌측이 배기 밸브와 배기 포트이다. 우측에서 공기를 받아들이고 연소 후에는 좌측으로 나가는 매우 일반적인 크로스 플로(Cross flow)형의 4밸브 연소실 레이아웃이다.

이 일러스트는 디젤 엔진이지만 흡기 밸브 두 개중 한 쪽을 미세하게 리프트시켜 가로방향의 소용돌이(Swirl)를 만들어내고 있는 모습이다. 세로방향의 소용돌이는 텀블(tumble)이라고 부른다.

자동차용 엔진에서 밸브가 열리는 타이밍을 가변식으로 한 것은 알파 로메오(Alfa Romeo)였다. 흡기 밸브가 열리는 시기를 2단으로 변환하는 방식으로 한 엔진은 1983년에 등장하였다. 1986년에 Nissan에 이어 1989년에는 Daimler, 1991년 Toyota 및 Porsche, 1992년 BMW와 같이 2단 변환 방식의 채용 사례는 확대되어 갔다. 연속 가변 방식은 1993년 BMW가 실용화하였으며, 1995년에 Toyota가 그 뒤를 따랐다. 1990년대 말까지는 유럽과 미국 및 일본의 많은 자동차 메이커들이 연속 가변 방식을 도입하였다.

밸브의 개폐 타이밍을 바꿈으로써 얻어지는 효과는 아래의 차드에 정리한 「대로이다. 흡기 또는 배기만으로도 효과는 있지만 흡기와 배기의 양쪽 모두에서 밸브 제어를 실시하면 효과는 증대된다. 최근에는 유압식의 캠 위상 가변 유닛이 진보하면서 동시에 부품의 가격도 낮추어져 일본에서는 경자동차 엔진에도 장착하게 되었다. 연비의 절약 및 배출가스의 저감 요구가 점점 높아지고 있는 현재에 캠 위상 가변 기구는 표준으로 장착하는 부품이 되었다. 그리고 여기에 밸브 리프트의 양을 가변으로 하는 기구를 조합시킨 시스템이 새로운 유행을 만들고 있는 중이다. 그 선구자는 BMW 이었다.

얻어지는 효과 / 사용 예

효과	출력	연비	주행성능(drivability)	배출가스	사용 예
실린더 내에 스월(swirl)이 생성되어 흡기의 유동성이 좋아진다.		○	△	○	VTEC-E(HONDA)
실린더 내의 부압으로 새로운 공기가 들어오기 쉽게 되어 흡기의 유동성도 좋아지므로 연소의 안정성이 향상된다. 결과적으로 배출가스 중의 유해성분이 줄어든다.		◎	△	◎	밸브트로닉(valvetronic)(BMW)
관성효과를 이용하여 새로운 많은 공기를 받아들일 수가 있다.	◎				VTEC(HONDA)/흡기 VVT
밀러 사이클 효과를 이용하여 노킹을 회피할 수 있다.	◎				밀러 사이클(TOYOTA/MAZDA 외)
펌핑 로스의 저감과 더불어 부하제어를 할 수 있다.		◎	△		밸브트로닉(BMW)용
잔류가스를 환기하기 쉽게 되고 그 결과 새로운 공기를 많이 받아들일 수 있다.	◎				흡기 VVT/배기 VVT/VTEC/밸브트로닉
부분부하 시에는 많은 잔류가스를 실린더 안에 가두어 둘 수 있어 EGR(배기가스 순환)과 같은 효과를 얻을 수 있다(내부 EGR).		○	△	○	흡기 VVT/배기 VVT
기통을 휴지시킬 때에 밸브 작동을 정지시키면 저항을 저하시킬 수 있다.		◎			기통 휴지 시스템이 내장된 각종 엔진
환기의 유속이 빨라지므로 양호한 연소가 되고 밸브 계통의 저항도 저하시킬 수 있다.		○	△	△	VTEC-E(HONDA)/밸브트로닉(BMW)
유효 팽창비를 크게 할 수 있으므로 연비가 좋아진다.	△	○			배기 VVT
팽창 행정이 끝나기 전에 배기 밸브를 일찍 열면 배기가스의 온도가 상승하여 ᄉ ᅵ ᆫ 메매이 반선하를 촉진할 수 있다.				○	배기 VVT
연소시간이 길어져 연료를 충분히 연소시킬 수 있기 때문에 미연 HC가 저감되고 팽창비를 낮추는 효과에 의하여 펌핑 로스가 감소한다.			△	○	
배기 행정에서 피스톤이 상사점에 도달하기 전에 배기 밸브를 닫으면 비교적 온도가 높은 잔류가스를 실린더 안에 가둘 수가 있다. 성층 연소를 이용할 때에 유리하다.		◎		○	

흡기/배기 밸브를 함께 닫은 상태에서 연소가 시작되고 발생한 압력이 피스톤을 강하게 내려누르는 힘으로 된다.

- ◎ 큰 효과를 기대할 수 있다
- ○ 효과를 기대할 수 있다
- △ 효과가 비교적 작다

이 부분은 각각의 밸브 제어가 어떠한 효과를 초래하는지 이미 존재하는 시스템을 예로 추출한 결과이다. 초래된 효과의 대표적인 사례이므로 어디까지나 일반론적인 것으로 받아들여주면 좋겠다. 흡기/배기를 따로 또는 동시 제어의 경우를 그룹별로 비교해 보면 흥미가 더해진다.

주 : 이 차트는 하타 엔진 연구소 대표 하타 코오이치 박사의 지도 아래 마키노 시게오가 작성

밸브 기구의 구성

어떻게 하면 밸브의 작동효율을 높일 수 있을까? 유사 이래(有史以來)로 선인들은 이 테마에 대하여 여러 가지의 지혜를 짜내어 왔다.
엔진의 고속 회전화와 고출력화는 끊임없이 진행되어 왔으며, 밸브 기구도 그때마다 진화가 이루어졌다.
본 항에서는 현재 자동차의 엔진에 탑재되는 밸브 시스템을 소개하려 한다.

글 : MFi 그림 : BMW/Daimler/GM/Volkswagen

OHV – Over Head Valve

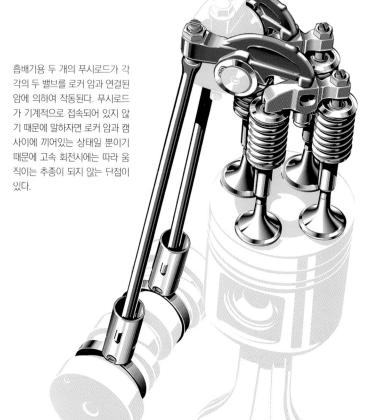

흡배기용 두 개의 푸시로드가 각각의 두 밸브를 로커 암과 연결된 암에 의하여 작동된다. 푸시로드가 기계적으로 접속되어 있지 않기 때문에 말하자면 로커 암과 캠 사이에 끼어있는 상태일 뿐이기 때문에 고속 회전시에는 따라 움직이는 추종이 되지 않는 단점이 있다.

Chevrolet Corvette의 V8은 현재도 완강히 OHV를 계속해서 유지하고 있다. 고속회전을 추구하는 것이 아니라 배기량이 크고 토크가 큰 상태로 주행한다면 OHC와 비교하여 간소한 실린더 헤드인 OHV의 낮은 중심과 높은 정비성은 오히려 장점이 되기 때문이다.

푸시로드를 갖춘 밸브 기구

사이드 밸브(SV)는 크랭크샤프트 옆에 설치된 캠 샤프트가 상향의 포핏 밸브를 직접 미는 기구가 장착되어 있다. 한편, 그 결점을 불식시키는 OHV가 고안되었다. 그림에서 볼 수 있듯이 로커 암과 밸브 주변 부품을 실린더 헤드 안에 설치하고 캠 샤프트의 작동은 실린더 블록 안을 통과하는 푸시로드의 상하운동으로 전달하는 구조이다. 이에 따라 연소실의 형상을 보어 내경의 서클 안으로 넣게 됨으로써 콤팩트한 연소실에 의한 고압축비, 원활한 가스의 흐름 등을 실현하고 있다. 더욱이 흡배기 포트의 설계, 밸브의 레이아웃 등 OHV의 발명은 실린더 헤드의 복잡고도화를 전진시키게 되었다.

대량으로 생산되어 일반적으로 유통되었다는 관점에서 보면 가장 초기의 밸브 기구로서 거론되는 것이 사이드 밸브(SV)이다. 그 명칭대로 흡배기 밸브는 연소실과 나란히 설치되고 밸브의 방향도 지금과는 반대로 밸브 헤드가 위로 향하도록 설치되는 레이아웃(Layout)이었다. 실린더 헤드가 단순한 「덮개」에 머무는 심플함과 더불어 연소실이 옆으로 길게 되어 열손실이 크다는 점, 연소실이 편평하므로 압축비가 높아지기 어려운 점, 혼합기는 'ㄷ'자를 그리면서 흘러 효율이 부족한 점

…… 등의 결점으로부터 밸브를 실린더 상부에 설치하는 오버 헤드 밸브(OHV)가 고안되었다.

OHV는 SV기구를 진화시킨 것이므로 캠 샤프트는 종전대로 크랭크샤프트 근방에 세트되었다. 밸브의 방향이 반대 [밸브 해드가 아래]로 되고 캠이 직접 밸브 스템을 밀 수 없게 되었기 때문에 긴 푸시로드를 사용하고 그 위에 시소 형상의 부품(로커 암)으로 스템을 미는 구조가 고안되었다.

시대가 흐름에 따라 가일층의 고속회전화가 진행되면서 무

거운 푸시로드의 추종성이 문제로서 부상된다. 그래서 캠 샤프트를 실린더 헤드에 장착시키고 크랭크샤프트의 회전을 체인 등의 전달기구에 의하여 캠 샤프트로 전달하는 구조가 고안되었다. 이것이 오버 헤드 캠 샤프트(OHC)이다. 게다가 흡배기 각각에 캠 샤프트를 설치하여 고속회전·고출력에 대응한 Double OHC(DOHC)가 나타나고 현재 엔진의 표준으로서 정착되었다. 이 페이지에서는 현재의 엔진으로서 일반적인 구조를 해설하고자 한다.

OHC – Over Head Camshaft

OHC의 최신 사례로 VW의 1.2 TSI(4기통)이다. Volkswagen은 「과급」인 이 엔진에 대하여 2밸브 OHC를 굳이 선택하였다. 목적 중의 하나는 경량화로 앞차축의 중량을 크게 경감하는데 성공하였다.

캠 샤프트를 실린더 헤드에 배치

OHV는 그 구조상 고속회전이 되면 푸시로드가 캠에 추종할 수 없어 로커 암을 정확히 작동시킬 수 없는 증상이 나타난다. 그래서 푸시로드를 폐지하고 캠 샤프트를 실린더 헤드에 배치하여 직접 로커 암을 작동시키는 OHC가 나타났다. 캠 샤프트가 OHV에서는 기어에 의해 구동 되었지만 OHC의 경우 축 사이가 떨어져 있기 때문에(크랭크 케이스와 실린더 헤드) 일반적으로는 체인에 의한 구동이 선택되고 있다. 이로써 모든 영역에서 매우 정확한 밸브 타이밍이 얻어지게 되고 고속회전화에 크게 기여하게 되었다. 로커 암을 통하여 밸브를 구동하는 구조인 것에 반하여 태핏(tappet)을 이용하여 직접 캠 샤프트가 밸브를 미는 직동식이 나타난 것도 OHC이기 때문이다.

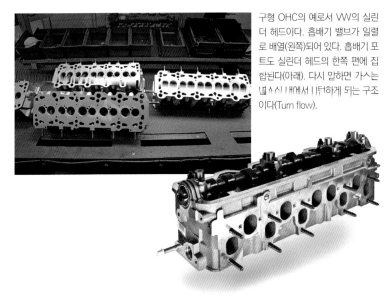

구형 OHC의 예로서 VW의 실린더 헤드이다. 흡배기 밸브가 일렬로 배열(왼쪽)되어 있다. 흡배기 포트도 실린더 헤드의 한쪽 편에 집합된다(아래). 다시 말하면 가스는 나사 내에서 U턴하게 되는 구조이다(Turn flow).

DOHC – Double Over Head Camshaft

최근의 일반적인 DOHC의 예로서 Daimler의 4기통이다. 캠 샤프트와의 접촉면에 롤러를 갖춘 로커 암을 설치하여 밸브를 구동시키는 방법이다. 로커 암의 지지점 측에는 유압식 래시 어저스터(Lash adjuster)를 장착한다.

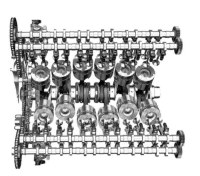

익센트릭(Eccentric)한 DOHC의 예로서 AUDI의 V형 12기통 디젤엔진이다. DOHC가 아니면 볼 수 없는 복잡한 밸브의 레이아웃이다. 4밸브화는 실린더 중앙에 인젝터(가솔린이라면 점화 플러그)를 배치하는 것이 가능한 장점이 있다.

트릭키(tricky)한 DOHC의 예로서 BMW의 이륜차용이다. 보통이라면 상단/하단으로 흡배기 밸브를 배치하지만 이 엔진은 우측 열：흡기/좌측 열：배기로, 90도 회전시키지 않으면 안 된다. 그러므로 1개의 캠 샤프트에 흡기 및 배기 로브(Lobe)가 혼재되어 있다.

흡기와 배기에 각각의 캠 샤프트를 배치

OHC의 변종(variation)인 DOHC는 흡기와 배기 각각에 캠 샤프트를 설치하는 구조이다. 그에 따라 OHC는 「SOHC(Single OHC)」라고 부르는 경우도 많아졌다. 고속회전 영역에서의 흡배기 효율을 높이고 싶은 요구에서 멀티 밸브화를 시도한다면 밸브 협각의 선정이나 연소실 형상에 자유도가 높은 DOHC가 스포트라이트를 받게 된다. 그 성격상 강성이 높고 구조를 심플하게 할 수 있는 직동식이 많이 채용되었지만 최근에는 기계효율의 향상을 위하여 롤러를 갖춘 로커 암을 통하여 밸브를 구동하는 유닛이 증가되고 있다. 그리고 흡배기 각각에 VVT나 VVL 등 고도의 컨트롤이 가능한 것도 DOHC의 장점이다.

캠 샤프트를 생각한다.

밸브의 왕복운동을 위한 입력원이 캠 샤프트이다.
회전하는 축에 돌출부를 설치하여 타고 넘는 힘을 이용하는 구조이다.
그 형상에는 어떠한 의도가 포함되어 있는 것일까?
글 : 마츠다 유지(松田勇治)   그림 : GM/Daimler/MFi

캠 샤프트의 구조

캠 로브   노즈(Nose)

캠 리프트

저널(journal)

베이스 서클

캠과 일체로 되어 회전운동을 실행하는 것이 캠 샤프트이다. 밸브 구동의 메커니즘이 SV나 OHV인 경우는 푸시로드를, SOHC나 DOHC인 경우는 태핏(tappet)이나 로커 암을 구동하여 엔진의 흡배기를 담당한다.

베이스 서클(Base circle) 부분은 캠이 밸브에 대하여 작용하지 않는 범위이다. 작용이 미치는 소위 「캠 돌기」부분은 캠 로브(Lobe)라고 부른다. 캠 로브의 정점부를 「캠 노즈」, 베이스 서클에서 노즈까지의 높이를 「캠 리프트(Lift)」라고 부른다.

캠(cam)

샤프트(shaft)

실린더 당 한쪽에서 2밸브를 구동하는 캠 샤프트의 예

흡배기의 관리는 일반직으로 캠+포핏 밸브에 의하여 실행된다. 압축/연소·팽창 행정에서 실린더 내의 밀폐도를 확보하고 흡기/배기 행정에서는 확실하게 기체를 개방할 수 있는 밸브 기구라면 무엇이든 상관이 없으며, 실제로 대체 수단의 연구도 활발하게 진행되어 왔지만 그 두 개의 요구를 고도로 실현하는 기구로서 캠+포핏 밸브의 조합을 넘어서는 것은 지금까지 없었다. 오랜 기간 전 세계의 기술자들이 이상적이고 바람직한 모습을 추구하여 왔으므로 심플하면서도 완성도가 높은 기구로 되어 있는 점도 이것을 대체할 기구가 등장하기 어려운 이유 중의 하나이다. 사진은 실린더 당 흡기 또는 배기 2밸브를 구동하기 위한 캠 샤프트이다. 직동식에서나 로커 암 구동에서나 밸브 마다 캠을 설치하는 것이 기본이다.

엔진은 작동행정에서 「흡기」와 「배기」를 실행한다. 다시 말하면 공기를 내보내고 들이는 일종의 펌프이다. 펌프로서의 효율을 높이기 위해서는 가급적 공기를 빨아들이기 쉽고, 배출하기 쉬운 구조가 바람직하다. 한편으로 동력의 발생에 직접 관계하는 「압축」 및 「연소와 팽창」 행정의 효율향상을 위해서는 실린더 내의 밀폐도를 가급적 높여두려고 한다.

이 배반되는 요소를 양립시키기 위하여, 여러 가지의 「밸브」 기구를 이용한다. 흡기/배기 행정의 기간은 흡기관과 배기관의 사이를 대기와 통하게 하며, 압축/연소 및 팽창 행정의 기간은 실린더 내를 밀폐시킨다. 일반적인 자동차용 엔진은 버섯 형상의 「포핏 밸브」를 「평면 캠」에 의하여 개폐하는 것으로 그 행정을 실현하고 있다.

캠이란 무엇인가 여기에서는 「회전운동을 하면서 자기의 윤곽 곡선이나 홈의 형상에 의하여 직접 접촉하는 물체를 소정의 주기로 운동시키는 기계요소」라고 정의한다. 자동차용 엔진에 사용되는 캠은 계란형의 두꺼운 금속판(thick plate)이

기본이다. 이것을 회전하는 샤프트와 일체화한 것으로 작용대상과의 거리를 주기적으로 변동시키면서 구동한다.

캠의 형상에 따라 결정되는 흡배기 밸브의 개폐시기는 엔진의 성능을 크게 좌우하는 요소이다. PFI(포트 분사) 엔진의 경우는 연료의 충전 효율도 캠의 형상으로 결정된다. 그리고 종래에는 한 가지 의미로서의 캠의 특성(=엔진의 흡배기 기간)이 운전상황에 따라 최적화되면서 밸브로 전달되기 위한 메커니즘인 가변 밸브 타이밍 기구로 된 것이다.

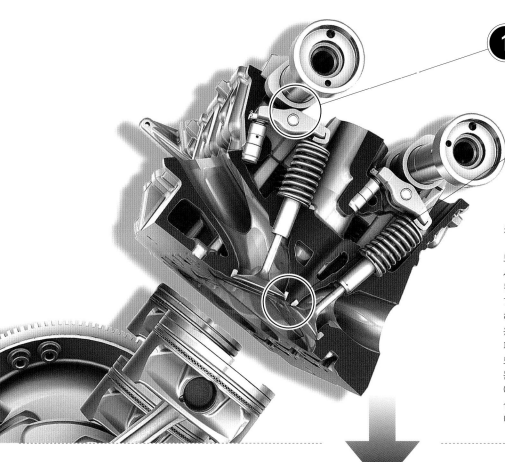

① 캠 로브가 롤러나 태핏에 강하게 접촉되지 않도록 하기 위해서는?

② 밸브가 밸브 시트에 강하게 접촉되지 않도록 하기 위해서는?

캠 형상은 「시작」과 「끝」이 중요

보통 캠 샤프트는 크랭크샤프트의 회선에 연동시키기 때문에 크랭크샤프트에 접속한 기어와 고무벨트 또는 체인 등의 기구에 의하여 구동된다. 4행정 사이클 엔진의 경우 배기측, 흡기측 모두 크랭크샤프트가 720° 회전하는 사이에 캠 샤프트는 360° 회전하는 설정이다. 다시 말하면 회전수의 1/2이라는 고속으로 회전하면서 태핏이나 암/롤러에 작용하고 있다. 엔진 회전수가 3000rpm이라면 1초간에 25회 밸브를 개폐시키고 있는 것이다. 그런대로 질량을 갖고 있기 때문에 이 만큼의 속도로 밸브에 작용하기 위하여 캠 로브의 시작과 끝의 윤곽 곡선 설정에는 세심한 주의를 기울인다. 시작의 부분은 직접 접촉하는 롤러나 태핏에 「강하게 접촉」되지 않고 동시에 확실하게 밸브 스프링의 장력에 맞설 수가 있다. 끝 부분은 밸브 스프링의 장력에 의하여 밸브의 헤드 부분이 밸브 시트에 「강하게 접촉」되지 않도록 하기 위한 배려가 필요하다.

---

solution

① 완충 영역은 직선적으로 설정

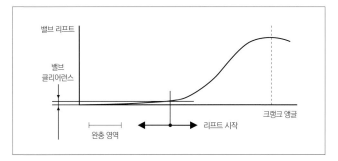

완충 영역

엔진의 운전 중에는 열을 받아 아주 조금씩 팽창된다. 그 상태에서 최적의 리프트 양을 유지시키기 위하여 캠과 작용점 사이에 설치되는 틈새가 「밸브 클리어런스」이다. 캠이 작용점이나 밸브 시트에 강하게 접촉되지 않도록 하기 위해서는 이 클리어런스 부분을 잘 이용하면서 베이스 서클에서 캠 로브가 시작하는 부분의 윤곽을 가급적 직선적으로 설정하는 것이 이론(theory)이다.
[그래프 원도(original drawing) : 「승용차용 가솔린 엔진 입문」林義正 저, 그랑프리 출판]

solution

② 기하학적으로 적정화된 리프트 곡선의 예

Polynomial cam의 밸브 리프트 특성

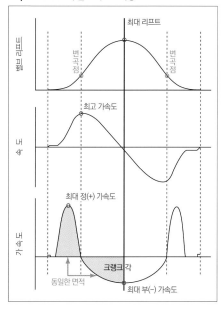

완충 영역의 윤곽 설정에 대한 요구를 충족시키기 위하여 밸브 리프트 곡선을 소정의 다항식(Polynomial)으로 도출한 캠 프로파일과 그것에 의해 실현되는 밸브의 작동속도 및 가속도의 관계이다. 속도와 가속도의 시점 · 종점에 주목하면 완충 영역에서는 양쪽 모두 직선적인 작동이 실현되고 있는 것을 이해할 수 있다. 완충 영역에서 변곡점까지와 그 이후의 가속도가 나타내는 면적은 동일하다.
[그래프 원도(original drawing) : 「승용차용 가솔린 엔진 입문」林義正 저, 그랑프리 출판]

밸브의 구동 메커니즘 | 직접 구동과 로커 암 구동

캠 샤프트의 회전운동을 밸브의 직선운동으로 바꾼다.
그 구조로 대표적인 것은 「직접 구동」과 「로커 암 구동」이다.
각각의 기본 구조 및 채용의 목적에 대하여 정리하였다.

글 : 마츠다 유지(松田勇治)   그림 : BMW/Daimler/Renault/만자와 코토미(萬澤琴美)

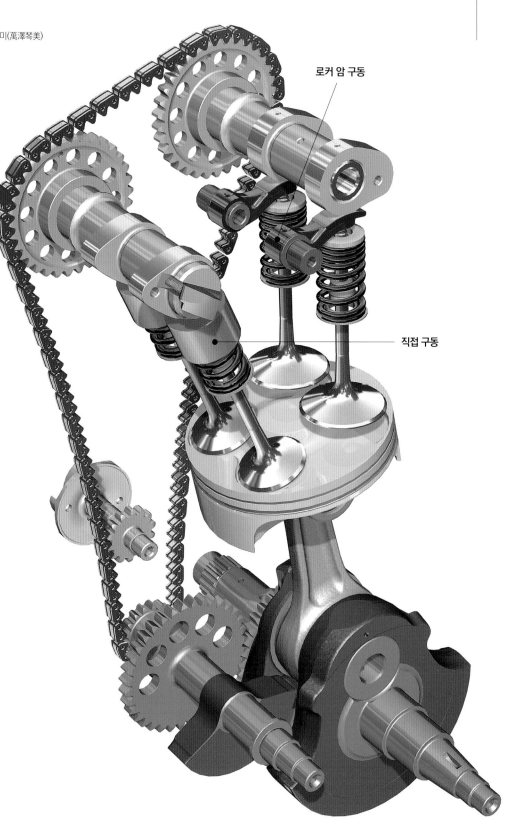

로커 암 구동

직접 구동

오른쪽 일러스트는 BMW Motorrad의 본격 Enduro 모델인 「G 450X」가 탑재하는 449cc 단기통 엔진의 밸브 트레인 부위이다. Swing arm pivot과 드라이브 스프로킷을 동일한 축으로 하기 위하여, 트랜스미션의 전후 길이를 단축시킬 목적으로서 크랭크샤프트를 보통과는 역전시키는 등 참신한 설계를 도입하였다. 밸브 트레인 주위도 흡기 측의 리프트 양을 확보하기 위하여 로커 암(스윙 암) 구동, 배기 측은 직접 구동하는 보기 드문 구성을 채용하고 있다.

캠 샤프트의 회전운동을 밸브에 전달하는 구조로서 가장 심플한 것은 「직동식」이다. 밸브 측에 설치되어 있는 리프터(버킷 태핏)를 캠 돌기가 직접 밀어 넣어 밸브를 연다. 캠과 밸브 사이에 개재하는 요소가 없으므로 밸브는 캠 프로파일대로 리니어(Linear)하게 상하로 움직이고 고속회전의 영역에서 추종성이 뛰어난 점에서 고속회전 고출력형 엔진에서 채용하는 예가 많다. 밸브 클리어런스는 태핏 부에 있는 래시 어저스터로 자동 조절하는 것이 일반적이다.

반면에 캠의 돌기가 암을 통하여 밸브를 구동하는 구조를 넓은 의미에서의 「로커 암 구동식」이라고 부르고 있다. 밸브 구동용 암은 지지점, 가압점, 작용점이 있으며, 캠의 돌기가 가압점을 밀면 작용점이 밸브를 밀어 넣도록 움직인다. 암의 레버 비에 따라 리프트의 양을 조정하기 쉬운 이점이 있다. 정확하게는 지지점이 끝부분에 있어 반대 측의 끝부분이 작용점이 되는 것을 「스윙 암(swing arm)」, 지지점의 중간부에 있는 것을 「로커 암」이라고 한다.

최근에는 가압점에 니들(needle) 베어링이 내장된 롤러를 갖춘 「롤러 로커 암」에 의한 것이 대부분이다. 롤러는 캠 팔로워(cam follower)로서 기능을 하고 캠 돌기에 밀리면서 회전하여 접촉면의 저항을 경감시켜주기 때문에 마찰 손실의 저감에 기여한다. 롤러 로커 암 중에 길이가 매우 짧고 레버비보다 롤러의 효과를 최우선으로 하는 구조인 「롤러 핑거 팔로워(Roller Finger Follower)」라고 부르는 것도 있다.

SOHC + 로커 암 구동

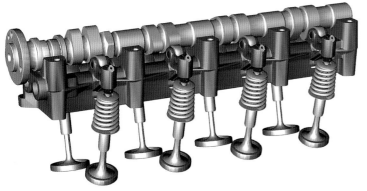

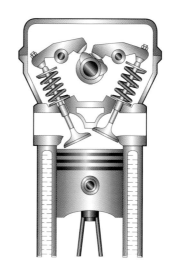

1개의 캠 샤프트로 흡기 측/배기 측 각각 1개의 밸브를 구동하기 위하여 캠 샤프트에는 양측에 대응하는 캠 로브가 갖추어져 있다. 직접 구동이 불가능한 것은 아니지만 캠 리프트가 너무 크게 되는 등의 문제에서 현실적이지 않다. 그래서 로커 암을 통하여 구동하게 된다. 일러스트는 Mercedes Benz A Class용 엔진의 밸브 트레인 부위이다.

SOHC+로커 암에 의한 헤드의 구성을 옆에서 본 경우의 대표적인 배치이다. 일러스트에서는 좌측의 밸브가 로커 암에 의하여 눌려 밑으로 내려가 있다. 암의 지지점 위치를 바꾸면 레버 비를 변경할 수 있으며, 밸브 리프트의 양을 조정할 수 있는 장점도 있다. 로커 암이나 스윙 암 또는 Roller Follower 등 어느 것으로도 대응이 가능하다.

DOHC + 직접 구동

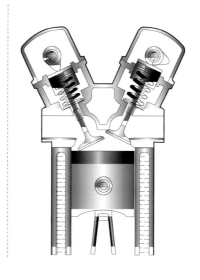

DOHC 헤드의 경우 캠 샤프트를 밸브의 바로 근처에 배치하는 것이 가능하기 때문에 일부러 로커 암을 개입시키지 않더라도 캠 돌기로 직접 밸브를 밀어 내리는 직동식(direct drive type)을 채용하기 쉽다. 특히 밸브의 협각이 큰 엔진에서는 직동식으로 하는 것이 헤드 주변의 치수를 콤팩트하게 기여하는 면도 있다.

일러스트 좌측의 밸브가 캠 노즈에 의하여 밀려 내려가 있는 상태이다. 밸브 리프트 곡선은 캠 프로파일과 리니어(Linear)한 관계가 된다. 고속회전 고출력형 엔진에는 없지만 가변 흡기 타이밍 등의 실현을 위하여 DOHC를 채용한 실용 엔진에서는 헤드 주변의 콤팩트화와 부품수를 줄일 목적으로서 직동식을 채용하는 경우도 있다.

DOHC + 로커 암 구동

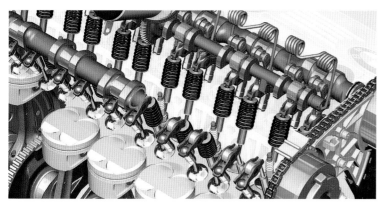

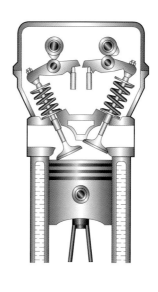

현재의 주류가 되고 있는 것이 이 타입이다. 밸브의 협각화를 실현하기 위하여 매우 짧은 롤러 로커 암을 통하여 밸브를 구동하고 롤러의 회전에 의한 저항의 저감 효과를 이용하여 마찰에 의한 기계손실을 낮추어 효율을 높인다. 일러스트는 밸브 트로닉을 채용한 BMW의 N52형 직렬 6기통 엔진이다.

일러스트 좌측의 밸브가 롤러 로커 암의 작용점에 의하여 눌려 밑으로 내려간 상태이다. 일러스트의 로커 암은 레버 비의 설정 폭을 넓게 한 타입의 형상으로 그 만큼 캠 리프트를 작게 할 수 있는 이점도 있다. 레버 비를 거의 기대할 수 없는 Finger Roller Follower를 사용하고 있는 경우의 주목적은 마찰 저항의 저감에 있다고 생각하면 된다.

🔧 ▶ DEVELOPMENT STORY

고성능 롤러 로커 암을
순송 프레스로 성형하기 위한 기술개발

현재의 엔진에 불가결한 롤러 로커 암.
GVE에 의한 신규 개발 프로세스를 소개하려고 한다.

글 : 마츠다 유지(松田勇治) 그림 : 만자와 코토미(萬澤琴美)/오기노공업(荻野工業)
사진 : 마키노 시게오(牧野茂雄)/MFi

엔진 설계에는 「트렌드(Trend)」가 있다. 현재 트렌드의 하나는 작은 직경의 실린더에 롤러 로커 암(Roller Finger Follower)으로 밸브를 구동하는 DOHC 헤드를 조합시킨 구성이다.

이 트렌드의 밑바탕에 있는 기술의 하나로서 1986년에 Toyota가 3S-FE형 엔진에 도입한 「high-mecha twin cam」이 거명되고 있다. 그때까지 「고성능 엔진」의 대명사였던 「DOHC」를 저비용으로 실현시키고 동시에 밸브의 협각을 작게 설정할 수 있는 이 기술은 「환경 성능 향상을 위한 DOHC화」라는 트렌드를 낳고 현재에 이르기까지 그 흐름이 계속되고 있는 것이다.

하이 메카 트윈 캠의 등장 이전에는 Mazda의 실용 엔진은 대부분이 로커 암으로 밸브를 구동하고 있었다. 당시의 오기노공업은 공급자로서 대량의 납품을 하고 있었는데 실용 DOHC의 트렌드화로 직동식이 주류가 되었기 때문에 어느 시기를 경계로 로커 암의 생산을 중단하게 되었다. 그러나 2000년에 들어서면서 연비 성능의 향상이 위급한 과제가 되고 기계손실의 저감을 위하여 롤러 로커 암에 의한 밸브 구동이 트렌드화 되었다.

Mazda도 소위 「MZR 엔진」 시리즈에서는 직동을 기본으로 하고 있지만 2003년에 시장에 투입한 디젤엔진 「MZR-CD」는 롤러 로커 암을 채용한다. 주목이 집중된 SKYACTIV 엔진도 롤러 로커 암 구동으로 하였는데 그것은 해외 공급자의 제품이었다. 타이밍적으로 어쩔 수 없다고는 하여도 밸브 계통 부품의 전문업체인 오기노 공업으로서는 자존심에 관계되는 사태였다. 롤러 로커 암의 신규 개발에 GO sign이 나온 것은 어느 의미로서는 당연한 이야기였다.

개발에 즈음해서는 GVE(Group Value Engineering)의 수법을 전면적으로 채용하였다. 별명으로 「힘내는 가치공학」이라 불리는 GVE에서는 제품의 가치를 「기능+비용」으로 규정하고 필요한 기능을 만족시키는 제품을 최저 비용으로 제조하는 것을 목표로 하여 개발·설계를 실시한다. 자동차용 부품에 있어서 제조비용도 중요한 성능 중의 하나이다.

로커 암은 엔진이 작동되고 있는 동안 항상 높은 부하에 계속 노출되는 부품이다. 더욱이 자동차가 수명을 다 할 때까지는 무(無) 교환이라는 강인성이 대전제로 된다. 그런 요구를 충족시키기 위하여 왕년의 로커 암은 단조나 로스트 왁스 주조(lost wax casting)+기계가공 등 고비용 제조법으로 만들어져 이것도 직동식으로 변환이 진행된 이유 중의 하나가 되었다. 현재는 판금 프레스 마무리에 의하여 저비용화 되고 있지만 GVE에 따라서 최저 비용에서의 제조가 가능하게 된다면 제품의 가치는 크게 높아진다.

개발의 첫걸음은 현재 상황의 파악으로부터 시작되었

신규 제조법 [벤딩 프레스와 판 단조법의 융합화]의 목표

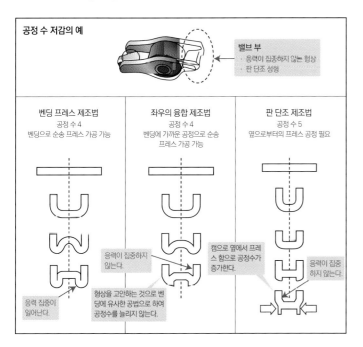

공정 수 저감의 예

밸브 부
· 응력이 집중하지 않는 형상
· 판 단조 성형

벤딩 프레스 제조법	좌우의 융합 제조법	판 단조 제조법
공정 수 4	공정 수 4	공정 수 5
벤딩으로 순송 프레스 가공 가능	벤딩에 가까운 공정으로 순송 프레스 가공 가능	옆으로부터의 프레스 공정 필요

응력이 집중하지 않는다.

캠으로 옆에서 프레스 함으로 공정수가 증가한다.

응력이 집중하지 않는다.

응력 집중이 일어난다.

형상을 고안하는 것으로 벤딩에 유사한 공법으로 하여 공정수를 늘리지 않는다.

최초에 프레스로 성형한 시작품에서는 꺾이는 부분에 응력이 집중되는 것이 판명되었다. 프레스의 시뮬레이션을 참고로 개량을 거듭하였다. 최종적으로 순송에 의한 성형으로 공수를 줄이면서 벤딩 프레스 제조법과 판 단조 제조법을 융합시킨 새로운 공법을 채용하였다.

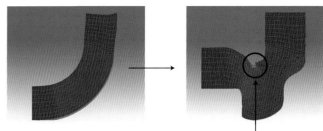

형상 안(案)이 어느 정도 단단해진 단계에서 프레스 성형에 의한 시뮬레이션을 실행한 바 특정부분에 주름이 생기기 쉬운 형상인 것이 판명되었다. 공정의 개량과 더불어 형상 자체를 변경하여 해결하였다.

공정 개량에 의한 효과를 시작품에서 실증한다. 사진 우측이 개선 전이고 좌측이 개선 후의 밸브 부위 형상이다. 되돌아감 현상이 거의 없어지고 보기에도 좋아져 OK가 되었다.

최종 형상이 결정되어 시험 제작한 롤러 로커 암을 실제의 기구에 장착하고 모터링 테스트를 거듭하고 있다. 위의 사진이 그 현장이며, 우측 사진은 실제의 시작품이다. 밸브 접촉부의 형상은 성능면과 비용면의 양립을 실현시키기 위한 형상이 채용되었다.

다. 여러 가지 엔진에 채용되고 있는 롤러 로커 암을 입수하고 구조, 소재, 제조방법, 비용 등을 철저하게 해석 하였다. 각 제품이 갖추고 있는 스펙을 「기능 계통도」와 「조건 맵」으로 정리하여 검토한 결과 중시하여야 하는 것은 '경량화 및 저비용화의 양립' 이라는 결론에 도달하였다.

개발상의 타겟으로 설정한 타사 제품은 단품의 중량이 23g이다. 이것을 상회하기 위하여 신규 개발품은 20.7g을 목표로 설정하였다. 또한, 해석의 결과 타겟 제품의 프레스 공정수가 20으로 추정되어 부분적으로 응력의 집중이 발생되는 것도 판명하였다. 당연히 개발품의 목표는 보다 적은 공정수에서 제조와 응력의 집중을 일으키지 않는 구조가 된다.

다음 스텝은 형상 안(案)의 추출이다. 기능 계통도와 조건 맵에서 판단되는 성능면의 이상적인 모델과 비용면의 이상적인 모델을 모색하고 더 나아가 그 양쪽을 만족시키는 형상의 실현을 위하여 탁상 검토를 반복하였다. 그 위에, 추출된 형상 안에 관하여 강성, 밸브 등가 질량, 가공 공수, 형상 및 제조공정의 특허 저촉 등의 항목에 대하여 평가를 거듭한 결과 최종적으로 3개 안으로 까지 압축하였다.

최초의 시작에서는 프레스 성형에 구애됨 없이 기계가공으로 실행하였다. 그 시작품의 평가와 병행하여 프레스 성형, 더욱이 가능한 한 순송 공정에서의 생산을 실현하는 공정·공법을 모색하였다. 이 점에서는 프레스 성형 분야의 전문가와 협업이 필요하다는 판단 하에 전문 메이커와 함께 프레스 성형의 검토 및 시뮬레이션을 거듭하였다.

초기에 검토하던 프레스 공정에서는 로커 암 보디의 윤곽에 단(段)이 생기고 그 부분에 응력이 집중되는 것과 밸브 가이드부가 찌그러지는 문제 등이 발생하고 있었다.

그러나 시뮬레이션을 거듭하면서 공정의 개선에 의해 로커 암 보디의 윤곽을 매끄럽게 성형할 수 있는 전망이 섰다. 구체적으로는 「벤딩 프레스와 판 단조법의 융합화」에 의한 새로운 공법의 도입으로 응력의 집중을 방지하고 강성도 높일 수 있다는 것을 알게 되었다.

양산 형상에 일단의 목표가 서자 FEM 해석을 도입 각 부위의 형상 및 두께의 변화에 따른 밸브 기구로서의 성능 변화를 확인한다. 물론 신규 공법으로서의 제조가능성도 확실히 확인한다.

이러한 흐름으로 개발된 롤러 로커 암은 현재 신규 공법에 의한 시작품의 실기 평가에 의해 시뮬레이션대로의 성능을 실증하는 단계에 이르고 있다. 과연 다시 한 번 Mazda로의 납입이 실현될 수 있을 것인가? 앞으로의 경과가 기대된다.

커튼 면적(curtain area)

밸브 외주의 치수와 리프트 양에 따라 결정되는 밸브의 개구 면적을 말한다. 어디까지 이론상의 목표이며 실제로는 실린더 벽 근처나 인접하는 밸브와의 간섭 등으로 유효하게 작용하지 않는 면적이 반드시 생긴다. 우측 페이지에 있는 예와 같이 4개 이상으로 밸브의 수를 증가시키더라도 유효한 결과가 얻어진 성공의 예가 적은 것은 이것들의 요소가 원인이 되어 커튼 면적의 전부를 유효하게 이용할 수 있다고는 할 수 없기 때문이다.

밸브의 직경과 면적

포트의 단면적을 결정하는데 중요한 요소이다. 밸브의 개구 면적은 리프트 양으로도 확보할 수 있지만 민일 커튼의 면적이 밸브 면적(≒포트 단면적)을 상회하면 병목 현상(bottleneck)이 발생하여 커다란 커튼 면적도 의미가 없어진다. 수치만으로 말하면 밸브의 합계 면적이 연소실 면적과 동등한 것이 이상적이겠지만 원형의 연소실에 둥근 밸브를 2개 이상 배치하는 이상 기하학적으로도 불가능하다.

흡배기에서 좋은 효율은 리시프로케이팅 내연기관이 항상 목표로 삼고 있는 요소이다. 그렇기 때문에 연소실의 모든 부분이 포트가 되고 에너지의 손실을 동반하지 않고 실행할 수 있는 흡배기 작동이 이상적이라고 말할 수 있지만 현실은 이상과는 좀 다르다. 그런 이상과 현실을 구별하는 최대의 요소 그것은 원형의 연소실과 그에 필요한 여러 개의 둥근 밸브이다.

그렇긴 하여도 원형 연소실의 근원이 되는 둥근 피스톤과 역시 둥근 헤드를 갖는 포핏 밸브는 리시프로케이팅 내연기관을 성립시키는데 가장 중요한 요소의 하나이다. 원형인 만큼 서로 비슷한 모양을 쉽게 만들 수 있고 또 압력을 밀봉하는데 상태가 좋은 모양은 그 밖에 존재하지 않는다. 그런 이유로 피스톤에도 밸브에도 원형이 이용되고 있는 것이며, 원형 이외의 피스톤이나 포핏 밸브 이외의 밸브 기구도 시도는 있었지만 적어도 이세상의 피스톤이나 밸브를 모두 바꿔놓을 정도의 성공에 이르렀던 예는 아직까지 존재하지 않는다.

그래서, 피스톤과 밸브는 종래 그대로 밸브의 수를 증가시키는 것으로 밸브의 면적을 증가시키려는 시도가 실행되어진 시기도 있었지만 결국에는 예전부터 존재하고 있는 4밸브로 안착하고 있다(5밸브는 일부에서 성공한 예도 볼 수 있다). 가장 중요한 밸브의 개구 면적(커튼 면적)은 인접하는 밸브의 수가 증가될수록 무효 면적도 증가되고 4개 이상으로 밸브의 수를 증가해도 노력에 합당한 효과가 얻어지는 경우는 없었던 것이다.

Layout of Poppet Valve

밸브 배치와 그 효과

5개의 밸브까지는 일부에서 볼 수 있지만 일반적으로는 4개가 1기통 당 밸브 수의 최대치이다.
최근 수십년간 내연기관의 고성능화가 추진되어 왔지만 이 도식만큼은 오랜 기간 변화를 보이지 않는다.
밸브의 수는 어디까지 증가시킬 수 있을까? 그리고 그 수와 효과와의 사이에 존재하는 관계는?

글 : 타카하시 잇페이(高橋一平)　도형 : GM/BMW/Yamaha/Honda/미즈카와 마사요시(水川尚由)

여러 가지 밸브의 배치 예

가장 심플하면서 원시적인 형식으로 여겨지는 2밸브이지만 현재까지 싱당히 많이 존재하고 있다는 것은 단순하지만 이런저런 퍼포먼스의 확보가 가능하기 때문이다. 주위에 간섭하는 밸브가 존재하시 않으므로 유효하게 이용할 수 있는 커튼 면적은 넓다.

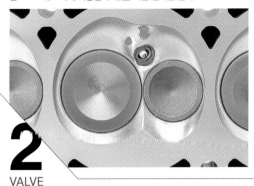

2 VALVE

하이 퍼포먼스 엔진으로부터 연비의 성능을 추구한 엔진까지 현재 고성능 엔진의 대부분을 차지하는 4밸브 배치이다. 밸브의 직경이나 유효한 커튼 면적 등 높은 성능을 추구할 때에 가장 현실적인 대안이라고 할 수 있다.

4 VALVE

Yamaha가 5밸브를 실용화할 때까지의 과정에서 실험적으로 사용했던 6밸브이다. 우측의 예에서는 중앙의 스파크 플러그 주위에 유효하게 활용할 수 없는 공간이 생기고 좌측에서는 스파크 플러그 외주부로 내밀리는 등 배치에 고전한 모양이 엿보인다.

6 VALVE

3 VALVE

흡기 2개, 배기 1개인 3밸브도 2밸브와 마찬가지의 이유로 매력적인 선택의 하나이다. 사진은 Ford Explorer의 예이다. 비용과 퍼포먼스의 좋은 밸런스 때문에 최근 재검토 중인 레이아웃이다.

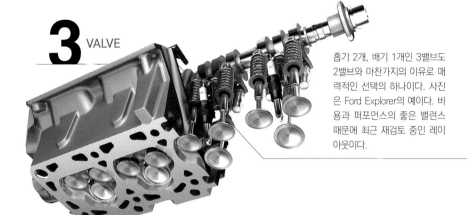

5 VALVE

흡기 3개, 배기 2개인 5밸브는 4밸브 이상에서 유일하게 성공한 예라고 말할 수 있으며, 밸브 수의 현실적인 최대치라고도 말할 수 있는 레이아웃이다. 4밸브의 자리를 빼앗을 정도의 장점을 발견하는 데에는 이르지 못해 현재는 모습을 감추고 있는 중이다.

위에 기술한 것과 마찬가지로 Yamaha에 의한 다밸브화 실험에서 시험삼아 만들어진 7밸브이다. 연소실에 북적거리는 작은 밸브의 모양에서 초 고속회전을 의도했던 것을 알 수 있다. 여기까지 실험을 한 결과 5밸브의 실용화에 이르렀다고 한다.

7 VALVE

8 VALVE

원형의 피스톤과 둥근 밸브의 한계를 타파하는데 성공하였다. Honda의 Oval Piston에 의한 8밸브이다. 사진은 factory racer 용이지만 상당히 비슷한 상태로 시판도 되었었다. 그러나 비용이 높기 때문에 그 이상의 진전을 보일 수 없었다.

about :

VVT

Variable Valve Timing(=Variable Cam Phase) 기구는 1983년에 알파 로메오(Alfa romeo)가 최초로 도입하였다.
그로부터 31년이 경과한 현재 이 기구는 자동차 엔진의 표준 장치가 되고 있다.

How dose it Work?

밸브 위상 가변(位相可變) 기구란?

밸브의 개폐 타이밍은 엔진에 따라 회전하는 캠 샤프트의 외주에 조각한 「돌기」의 형상으로 결정된다.
그러므로 엔진의 등장으로부터 오랜 기간 동안 밸브의 개폐 타이밍은 고정이었다.
여기에 혁명을 가져온 것이 캠 위상 가변 기구이다.

글 : 마키노 시게오(牧野茂雄) 사진 및 그림 : DAIMLER/GM/마키노 시게오(牧野茂雄)/만자와 코토미(萬澤琴美)

GM

위의 사진은 GM엔진에 사용되고 있는 VVT로 매우 일반적인 형상이다. 흡기 측에만 설치되지만 배기 측에도 설치할 것인지는 엔진의 특징이나 용도 그리고 차량의 가격과의 관계에서 결정된다.

위쪽의 그림은 보통의 캠 샤프트이며, 아래쪽이 VVT를 조립한 캠 샤프트이다. 2중의 구조이며, 필요할 때에 로크 핀(lock pin)을 빼서 유압 또는 전동으로 캠 샤프트와 하우징의 위치 관계를 변화시킨다.

타이밍 체인을 위한 스프로킷을 길이(축) 방향으로 대형화하고 그 중앙에 VVT 기구를 내장하는 방법이 일반적이다. 종래는 베어링을 별도로 하는 타입이 주류였지만 플로팅 방식이나 윤활 베어링을 채용하는 제품도 나왔다.

캠 샤프트의 표면에 조각된 캠 돌기의 형상은 고정시키지 않을 수 없다. 리프트 양은 돌기의 높이로, 개폐 시기는 둘레 방향의 부푼 정도로 결정된다. 위상 가변 기구의 도입으로 변화된 것은 개폐 시기뿐이며, 열려있는 시간 자체를 변화하는 시도는 아직 실현되지 않고 있다.

이 유닛에서는 블록의 이동이 가능한 범위를 화살표로 표시한 각도이다. 보다 큰 작동 각(캠 위상을 변화시키는 최대 각도)을 얻기 위해서는 블록을 얇게 할 필요가 있으며, 일본 제품에서는 우측 페이지와 같은 베인 타입(vane type)이 증가하였다.

DAIMLER

캠 위상 가변형 VVT의 경향은 「커다란 가변각화(可變角化)」와 「응답성」의 추구이다.

VVT(Variable Valve Timing)라는 호칭은 거의 일반 명칭화로 되고 있다. 유럽에서는 VCP(Variable Cam Phase)라고 불리기도 하는데 이 호칭이 캠의 위상을 변화시킨다는 기능 면에는 꼭 맞는 표현이다. 크랭크샤프트와 함께 회전하고 있는 캠 샤프트의 구동을 위한 풀리(Pulley)와 캠 샤프트를 분리하고 진각/지각의 양방향으로 캠의 위상을 겹치지 않도록 함으로써 시동 시 HC(탄화수소)의 저감, 아이들링 안정, 연비의 향상, 토크의 향상이라는 효과를 얻는다.

좌측 페이지의 사진 및 아래의 그림은 유압식 VVT이다. 오일이 가득찬 체임버 내를 블록(또는 베인)이 둘레 방향으로 이동하여 작동각을 얻는다. 비작동 시에는 로크(Lock) 핀으로 고정시키지만 로크 핀의 위치는 제품에 따라서 다르다. 가득 오일은 상당량이 필요하기 때문에 일반 엔진에 내장된 트로코이드 펌프(trochoid pump)의 토출량이 1회신에 15~20cc, 그 중 약 20%에 해당하는 3~4cc를 VVT에 분배할 필요가 있다. 흡배기 각각에 유압 VVT를 사용하면, 필요한 오일의 양은 약 2배가 된다고 한다. 이것은 차량의 연비를 0.3~0.7% 악화시키는 요인이 되기 때문에 VVT의 개발에서도 에너지 절약화는 큰 테마인 것이다.

전동식 VVT의 경우는 모터의 힘으로 캠 샤프트의 위상을 변화시킨다. 전동식은 섬세한 제어가 가능하지만 상당히 큰 토크가 필요하기 때문에 VVT 유닛 자체가 대형화되고 더욱

이 고가로 된다. 그러므로 아직 전동식을 채용하는 경우는 적지만 Mazda는 2리터 Skyactiv 가솔린 엔진에서 흡기 측을 전동화 하였다. 연비와 퍼포먼스를 얻기 위하여 어느 정도의 비용을 할애할 것인가 하는 계산은 자동사 메이커에 따라서 각기 다르다.

현재, 많은 VVT가 작동을 시작할 때의 로크 핀 해제에 캠 샤프트의 토크 변동을 이용하고 있다. 캠 샤프트는 항상 타이밍 체인(혹은 벨트)의 장력에 의하여 아래쪽으로 밀착되고 있다. 그러므로 캠 돌기의 정상이 밸브(롤러 로커 암)와의 접점을 넘어서기 전과 후에 토크의 변동이 발생한다. 일반적으로 2리터급 4기통 엔진에서 변동되는 토크는 1.5~2Nm정도라고 알려져 있는데 이 토크의 변동을 이용하여 VVT를 작동시킨다.

그렇다고 해도 회전하고 있는 캠 샤프트를 진각시키거나 지각시키기 위해서는 상당한 힘이 필요하다. 이것이 오일 소비량의 증가를 초래하기 때문에 조금이라도 부하를 감소시키기 위한 방법도 여러 가지가 있다. 흡기측에서는 캠의 토크에 따라 진각 측의 위상 변화 속도가 늦어지고, 배기 측에서는 반대로 된다. 그러므로 AISIN정기에서는 VVT 유닛 안에 비틀림 코일 스프링을 배치하여 캠의 토크와 반대방향으로 토크를 어시스트하고 있다. 스프링의 장력으로 진각/지각을 같은 속도로 컨트롤하는 방법이다. 이 구성에 관한 특허를 갖고 있다.

그리고 VVT는 캠 샤프트의 길이에 의해서도 특성이 변화된

다. 직렬 6기통과 같이 캠 샤프트가 긴 경우는 필요한 유량이 증가되는데다 작동을 위한 토크의 변동이 적기 때문에 고속 측에서는 로크 핀을 떼어내기 위한 연구가 필요하다.

반대로 수평대향 4기통과 같이 짧은 캠 샤프트는 작동 유량의 측면에서는 편해지지만 이쪽은 저속 엉역에서 캠 샤프트의 토크 변동이 크다. Subaru는 이 특성을 이용하여 중간 로크를 걸고 있는데 새로운 엔진에 채용된 Borg Warner 제품의 VVT는 변환각 70° 근처에 중간 로크 위치를 두었다. 직렬 4기통 엔진에서 이것을 실현하는 것은 어렵기 때문에 VVT 메이커의 연구 과제로 되어있다.

일반화되기 시작한 유압식 VVT에서도 이와 같이 몇 개의 큰 과제가 남아 있다. 연구 개발은 끊임없이 계속되고 있다.

캠 샤프트의 위상을 진각 또는 지각의 방향으로 엇갈려 놓으면 아래의 표에 기록되어 있는 것 같은 효과를 얻을 수 있다. 현 시점에서는 저속회전에서 아이들링을 안정시키기 위하여 지각 방향으로 로크시키는 경우가 많다. 유압 제어의 진보에 따라 중간 위치에서의 로크도 사용되기 시작하였으며, 시동 시의 HC 저감이라는 효과를 얻고 있다. 작동 각은 서서히 커지기 시작하여 100° 이상의 제품도 출현하였다.

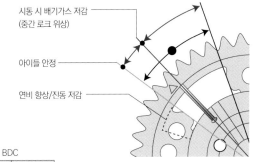

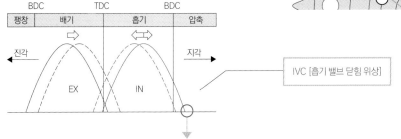

IVC [흡기 밸브 닫힘 위상]

S.M

Mazda의 Skyactiv 가솔린 엔진은 큰 작동 각을 갖는 높은 응답성의 전동식 VVT를 흡기 측에(앞에서 보아 우측), 유압식을 배기 측에 각각 설치하고 있다. 현재 가장 고가의 사용법이다. 작동 각은 100°를 넘고 있으며, 늦게 닫히는 밀러 사이클의 효과를 적극적으로 사용하고 있다.

IVC(흡기밸브 폐 위상) (ABDC CA)	연비 향상(펌핑 로스 저감) 토크 향상					시동 시 HC 저감				아이들 안정			연비 향상(Late miller) 진동저감(decompressor시동)			
	20	25	30	35	40	45	50	55	60	65	70	75	80	85	90	95
normal VVT	← 진각												지각 →			
중간 로크 ① HC 저감											○ 로크 위상					
중간 로크 ② 연비 향상																

Aisin정기의 VVT에 대하여 특성을 나타낸 그래프이다. 빨간 원은 VVT의 로크 위상을 나타낸 것이다. IVC(흡기 밸브 닫힘 위상)는 40° 부근이며, 이것보다 진각 측(회색의 영역)에서는 시동시에 HC 저감 효과와 연비의 향상을 노릴 수 있다. 그리고 normal VVT에서는 로크 위상이 70° 부근에 있지만 중간 로크 타입에서는 이것을 50° 부근의 중간 위치까지 내보내는 것으로써 시동시의 HC 저감과 연비의 향상을 더욱 노릴 수 있다. 유압제어의 정밀화로 중간 로크가 가능하게 되었다.

밸브 개폐시기의 제어로 얻어지는
「밀러 사이클 효과」의 매직

엔진을 장행정으로 설계하면 그 기하학적 설계만으로도 연비의 절약에 기여한다. 더욱이 가변 밸브 기구를 추가하여 밸브 개폐의 타이밍을 제어하면
새로운 세계가 열린다. 그 하나가 밀러 사이클의 효과인데 가변 기구만큼의 비용을 감안하여도 충분히 「값을 치르고도 남을」만 하다.

글 : 마츠다 유지(松田勇治)   그림 : 쿠마가이 토시나오(熊谷敏直)/만자와 코토미(萬澤琴美)/MAZDA

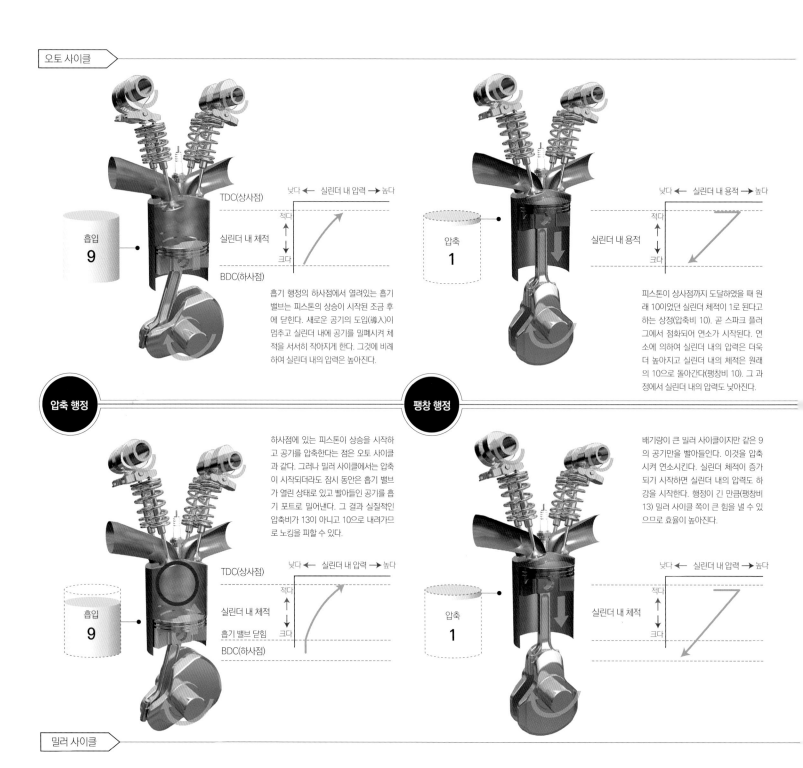

오토 사이클

흡입 9

TDC(상사점)
실린더 내 체적
BDC(하사점)

낮다 ← 실린더 내 압력 → 높다
적다 ↑ 실린더 내 체적 ↓ 크다

흡기 행정의 하사점에서 열려있는 흡기 밸브는 피스톤의 상승이 시작된 조금 후에 닫힌다. 새로운 공기의 도입(導入)이 멈추고 실린더 내에 공기를 밀폐시켜 체적을 서서히 작아지게 한다. 그것에 비례하여 실린더 내의 압력은 높아진다.

압축 1

낮다 ← 실린더 내 용적 → 높다
적다 ↑ 실린더 내 용적 ↓ 크다

피스톤이 상사점까지 도달하였을 때 원래 10이었던 실린더 체적이 1로 된다고 하는 상정(압축비 10). 곧 스파크 플러그에서 점화되어 연소가 시작된다. 연소에 의하여 실린더 내의 압력은 더욱 더 높아지고 실린더 내의 체적은 원래의 10으로 돌아간다(팽창비 10). 그 과정에서 실린더 내의 압력도 낮아진다.

압축 행정

하사점에 있는 피스톤이 상승을 시작하고 공기를 압축한다는 점은 오토 사이클과 같다. 그러나 밀러 사이클에서는 압축이 시작되더라도 잠시 동안은 흡기 밸브가 열린 상태로 있고 빨아들인 공기를 흡기 포트로 밀어낸다. 그 결과 실질적인 압축비가 13이 아니고 10으로 내려가므로 노킹을 피할 수 있다.

팽창 행정

배기량이 큰 밀러 사이클이지만 같은 9의 공기만을 빨아들인다. 이것을 압축시켜 연소시킨다. 실린더 체적이 증가되기 시작하면 실린더 내의 압력도 하강을 시작한다. 행정이 긴 만큼(팽창비 13) 밀러 사이클 쪽이 큰 힘을 낼 수 있으므로 효율이 높아진다.

흡입 9

TDC(상사점)
실린더 내 체적
흡기 밸브 닫힘
BDC(하사점)

낮다 ← 실린더 내 압력 → 높다
적다 ↑ 실린더 내 체적 ↓ 크다

압축 1

낮다 ← 실린더 내 압력 → 높다
적다 ↑ 실린더 내 체적 ↓ 크다

밀러 사이클

압축 행정에서 흡기 밸브를 늦게 닫는다.

압축비보다도 팽창비를 크게 하는 아트킨슨 사이클(밀러 사이클과 거의 동의어)이 고안되었을 때는 복잡한 크랭크 기구에 의하여 압축비 〈 팽창비인 상태를 만들어냈다. 현재는 밸브 개폐 타이밍 제어에 의하여 같은 상태를 만들어 낼 수 있다. 보통의 오토 사이클의 PV선도는 우측 그림과 같은 것이다. 밀러 사이클에서는 그래프 우측 끝부분의 적색 라인 부분이 팽창비 확대 분의 유효일 량으로서 더해지며, 연비가 향상된다. 아래 일련의 일러스트는 오토 사이클과 밀러 사이클의 비교이며, 그래프에 각각의 행정에서 실린더 내의 압력과 실린더 체적의 관계, 이른바 PV선도를 모식화한 것을 나열하였다. 보통 PV선도는 우측 그림과 같이 가로축이 실린더 체적이 되는데 실린더 일러스트와 비교하기 쉽도록 굳이 세로축을 체적으로 하였다.

※ 설명을 알기 쉽도록 상단과 하단의 기통은 보어와 압축 체적이 같은 것, 차이는 행정(밀러 사이클은 1.33배)과 흡기 밸브 닫힘 타이밍(흡기량과 압축비가 같다)이라는 설정.

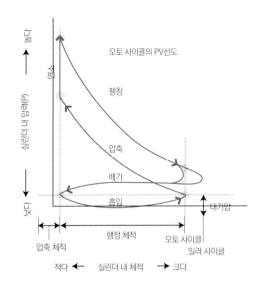

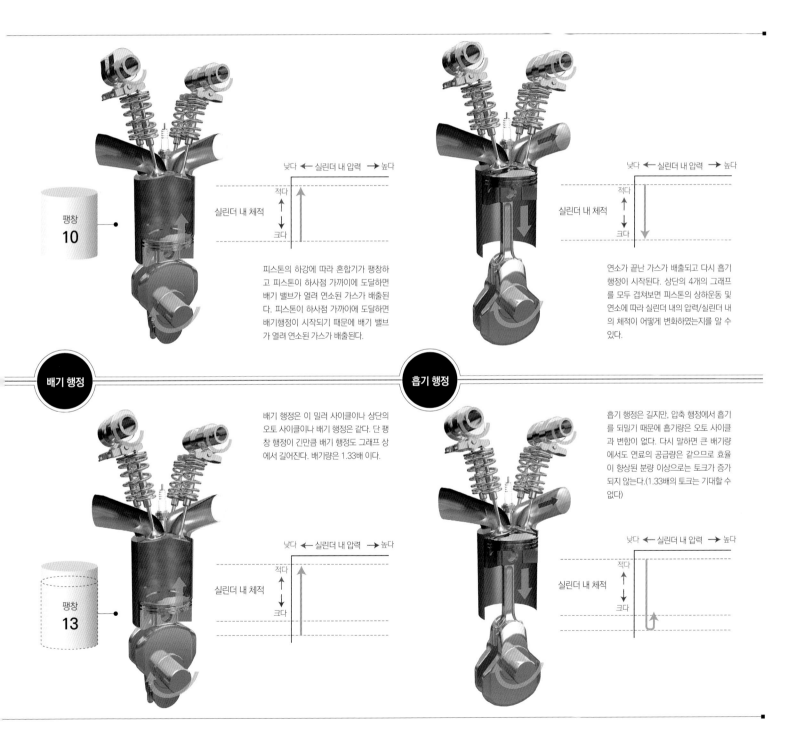

팽창 10

피스톤의 하강에 따라 혼합기가 팽창하고 피스톤이 하사점 가까이에 도달하면 배기 밸브가 열려 연소된 가스가 배출된다. 피스톤이 하사점 가까이에 도달하면 배기행정이 시작되기 때문에 배기 밸브가 열려 연소된 가스가 배출된다.

연소가 끝난 가스가 배출되고 다시 흡기 행정이 시작된다. 상단의 4개의 그래프를 모두 겹쳐보면 피스톤의 상하운동 및 연소에 따라 실린더 내의 압력/실린더 내의 체적이 어떻게 변화하였는지를 알 수 있다.

배기 행정

배기 행정은 이 밀러 사이클이나 상단의 오토 사이클이나 배기 행정은 같다. 단 팽창 행정이 긴만큼 배기 행정도 그래프 상에서 길어진다. 배기량은 1.33배 이다.

팽창 13

흡기 행정

흡기 행정은 길지만, 압축 행정에서 흡기를 되밀기 때문에 흡기량은 오토 사이클과 변함이 없다. 다시 말하면 큰 배기량에서도 연료의 공급량은 같으므로 효율이 향상된 분량 이상으로는 토크가 증가되지 않는다.(1.33배의 토크는 기대할 수 없다)

밸브 제어와 배기계통의 디자인에 의한
소기(Scavenging) 효과의 추구

내연기관의 배기행정은 Scavenging Exhaust Stroke 라고도 불린다.
연소가 끝난 가스의 일부를 실린더 내에 머물게 하면 EGR과 같은 효과를 얻을 수 있지만 대부분의 경우는 조기 배출이 이상적이다.
연소가스를 몰아내는 「소기 철저」는 오래된 그러나 새로운 테마인 것이다.

글 : 마키노 시게오(牧野茂雄)   사진 & 그림 : BMW/마키노 시게오(牧野茂雄)/MAZDA/쿠마가이 토시나오(熊谷敏直)

배기관 형상의 최적화

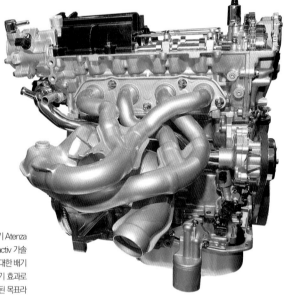

아직 시작 단계이지만 차기 Atenza
에 탑재될 Mazda의 Skyactiv 가솔
린 엔진에는 이와 같이 거대한 배기
매니폴드가 부착된다. 소기 효과로
압축비를 높이는 것이 주된 목표라
고 한다.

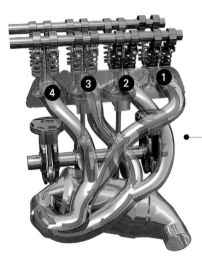

위의 엔진은 실물인데 우측은
일러스트이다. 배기계통을 어떻
게 설계하고 각각의 기통으로부
터 배기가스를 어떻게 3원 촉매
로 이끄는지를 화살표로 표시하
고 있다. 1/4번과 2/3번을 우선
연결하고 그것을 하나로 모으는
고성능 엔진의 원리다운 배기계
통이다. 이것을 엔진 룸 안의 격
벽 방향으로 밀어 넣기 위하여
Mazda는 차량의 플랫폼까지 새
롭게 하였다. 실로 대담하면서
도 정공법적인 방법이어서 실제
자동차의 등장이 즐겁게 기다려
진다.

BMW의 신세대 4기통 엔진은 이와 같이 커다란 3원 촉매 두 개로 2기통씩 배기가
스 처리를 담당한다. 더욱이 배기 매니폴드의 형상은 레이싱 카와 같이 「문어발」처
럼 되어있다. 이 엔진을 옆으로 기울여서 엔진 룸에 설치하는 엔진 세로배치 FR이
아니면 할 수 없는 배기계통이다. 상징적 엔진으로서 직렬 6기통만을 남기고 대부분
은 4기통으로 되는 것인가 ?

엔진의 가치를 「배기량」으로 판단해서는 소기(Scavenging)라는 발상은 생겨나지 않는다. 「흡기량」을 척도로 하였을 때 소기의 중요성이 클로즈업된다. 여기에서 말하는 소기는 단순한 「배기 행정」이 아니라 적극적인 소기를 말한다.

독일의 Bosch는 과급 다운사이징 직접분사 엔진에서 소기의 제어를 제창하고 있다. 터보 과급은 배기 압력이 일정 이상 높아져 터보의 회전이 상승할 때까지 이른바 터보 래그(Turbo lag)가 있다. 요즈음의 과급 엔진은 거의 이것에 신경을 쓰지 않을 정도로 응답성이 좋아졌지만 그래도 터보 래그가 없어진 것은 아니다. Bosch는 흡배기 밸브의 각각에 캠 위상 가변 기구를 조립하고 운전자가 가속 토크를 필요로 할 때

에 흡배기 밸브의 오버랩 제어를 실시하면서 소기의 효과에 따른 과급 압력의 재빠른 시작을 노리고 있다. 흡기관 내의 압력이 배기관 내보다도 높아지는 타이밍을 잘 이용할 수 있도록 밸브의 열림시기를 제어한다.

포트 분사의 경우 실린더 내에 들어가는 흡기에는 이미 연료가 혼합되어 있다. 적극적으로 오버랩의 상태를 만들어내면 연료두 배출된다. 그러나 직접분사라면 오버랩의 종료 후에 연료를 분사할 수 있기 때문에 낭비가 되지 않는다. 연료의 분사압력과 분무의 방향을 어떻게 세팅할지는 엔진의 나름이라고 할 수 있을 것이다.

Mazda는 Skyactiv 가솔린 엔진에서 적극적으로 소기를

실행한다. Bosch의 제안과 마찬가지로 직접분사와 흡배기 VVT를 사용한다. 단, 2011년 10월에 판매가 시작된 CX-5는 NA(자연 흡기)엔진이다. 압축비를 높이기 위한 소기이다. 그러나 Mazda도 2리터 4기통 시리즈에 과급 사양을 준비할 계획이며, 2리터로 종래의 NA-V6과 같은 출력/토크를 얻어 다운사이징의 효과를 노린다. 이 점에서는 Bosch와 마찬가지이다. 터보의 응답성을 위해서도 소기를 이용할 것이다. 무거운 V6 엔진을 탑재할 필요를 전혀 느낄 수 없는 마무리와 「흡기량이야말로 전부」라고 단정할 수 있는 연비/토크를 기대해 본다.

과급 다운사이징 엔진의 경우

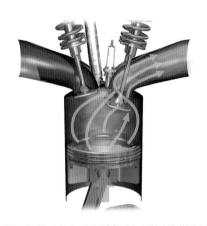

이 3개의 일러스트는 독일 Bosch가 제창한 과급 직접분사 엔진에서 소기의 효과를 나타낸 것이다. 우선 연소가 끝난 가스를 피스톤이 밀어 올리기 시작하면 최적의 타이밍에서 배기 밸브를 연다. 이 밸브를 여는 시기는 운전 상태에 따라서 변한다.

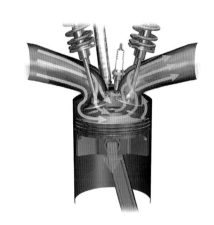

피스톤이 상사점까지 도달하여 흡기 행정으로 변환되고 하강을 시작한다. 이때도 배기 밸브를 조금 연 오버랩 상태이다. 압력은 흡기관 > 배기관이 필수이고 새로운 공기가 잔류가스를 밀어내지만 직접분사라면 연료까지 밀어내는 염려가 없다.

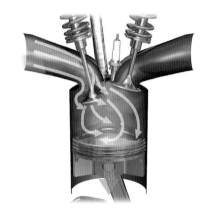

완전히 배기 밸브가 닫히고 피스톤의 하강에 따라 새로운 공기가 점점 흘러 들어온다. 어느 타이밍에서 흡기 밸브를 일찍 닫아 실린더 내에서 발생한 와류에 의해 새로운 공기가 흡기 포트로 역류하지 않도록 제어한다. 팽창비를 크게 하는 효과도 있다.

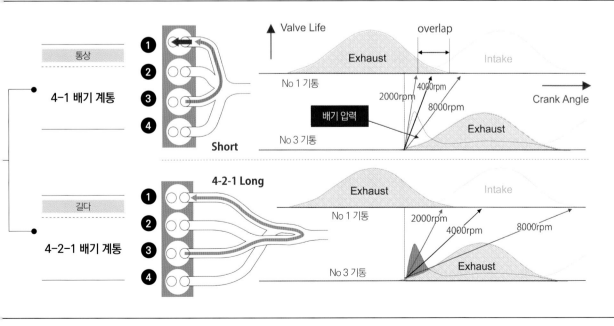

Skyactiv 가솔린 엔진은 RON95 연료로 압축비 14를 얻는다. 점화시기를 늦추지 않고 고압축비를 얻기 위해서 배기측에도 VVT를 사용하여 흡기 밸브와 배기 밸브의 양쪽으로 오버랩을 확대하고 잔류가스를 배출시킨다. 거기에 4-2-1의 긴 배기관을 조합시켜 배기 압력을 컨트롤 한다. 적극적인 소기이다. 흡기 측에는 전동 VVT를 사용하고 노킹이 발생할 것 같으면 신속하게 캠 위상을 변화시켜 유효 압축비를 낮추는 제어를 실시한다.

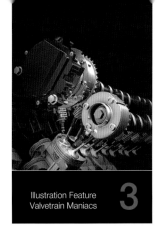
about :

VVL

밸브의 리프트 양 자체를 가변으로 하는 아이디어는 예전부터 존재 하였고 많은 엔지니어들이 씨름해 왔다.
그러나 실현시키기가 어려워 21세기 첫 해에 가까스로 양산 엔진에 채용되었다.

How dose it Work?

밸브 리프트 가변 기구란?

가솔린 엔진은 스로틀 밸브를 설치 한다는 도식에서 벗어날 수 없었던 이유는,
구조가 간소하며, 성능이 좋고 유지 보수도 용이한 기화기(carburetor)의 존재가 있었기 때문인가?
스로틀리스(throttleless)의 필요성은 자동차에 높은 사회 성능이 요구됨에 따라 높아졌다.

글 : 마키노 시게오(牧野茂雄) 사진 & 삽화 : BMW/SCHAEFFLER/마키노 시게오(牧野茂雄)

1966년 7월에 출원된 BMW의 특허

캠 샤프트에 편심 캠을 조립(적색 부분)하여 그 왕복 운동을 요동 캠(청색 부분)에 전달 하여 이것이 밸브를 밀고/당긴다. 그 때의 작동량을 컨트롤하기 위하여 녹색의 링크를 움직인다. 현재의 밸브트로닉에 통용되는 기구가 1960년대에 고안되었다는 것은 놀랄 일이다. 하긴, 독일은 1930년대 후반에 실린더 내에 직접분사 4밸브의 항공기용 리시프로케이팅 엔진을 완성시켰으니 리프트의 가변화도 자연스런 흐름이라고 말할 수 있을 것이다.

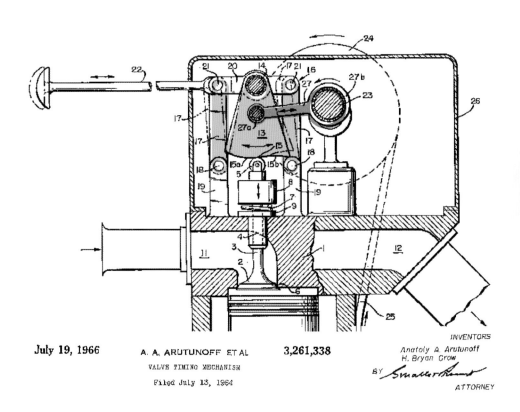

July 19, 1966 A. A. ARUTUNOFF ET AL 3,261,338
VALVE TIMING MECHANISM
Filed July 13, 1964

INVENTORS
Anatoly A. Arutunoff
H. Bryan Crow
BY
ATTORNEY

캠 형상의 의존에서 탈피하여 밸브 리프트 가변으로의 도전

가솔린 엔진에는 스로틀 밸브(공기 조절 밸브)가 설치되어 있다. 출력을 발생할 때의 연료만으로 조절하려면 공기량이 너무 많아져 희박한 연소가 되기 때문이다. 한편 스로틀 밸브는 펌핑 로스(Pumping loss)를 초래한다. 그 폐해를 없애려고 하는 연구는 예전부터 있어 왔지만 실용적인 해결책으로서 주목받은 것이 밸브 리프트 양을 연속 가변식으로 하여 공기를 조절하는 방식이었다. BMW는 요동 캠 방식의 가변 밸브 리프트에 대하여 1966년에 특허를 신청하였다. 위의 일러

스트가 그것이다. 그런데 밸브 리프트 가변 기구를 최초로 시판하는 엔진에 도입한 것은 Honda이다. 1980년대 말에 실용화된 VTEC은 리프트 양의 2단 변환이었지만 처음으로 이 분야에서 시판 기술을 손에 넣었다. 조금 늦게 Mitsubishi 자동차가 2단 절환 & 가변기통이라는 기구를 상품화하였다. 리프트/작용각의 가변은 1990년대 중반에 Rover Group이 선수를 쳤지만 밸브 타이밍과 리프트의 연속 가변은 BMW의 밸브트로닉이 처음으로 실현하였다. 지금 요동 캠 방식의 리프

트 가변 기구는 Toyota, Nissan, Honda, Mitsubishi 자동차 등이 각각 독자적인 방식으로 실용화하고 있는데 과거의 논문을 찾아보면 일본도 1990년대에 리프트 가변으로의 길을 모색하고 있었다는 것을 알 수 있다. 예를 들면 Mazda는 1990년대 초에 아츠기 유니시아(Atsugi Unisia)/Nissan의 방식과 비슷한 요동 캠 방식을 특허 출원하였다. Mitsubishi의 MIVEC는 SOHC 엔진과의 조합으로 1990년대 전반에 등장하였다. 결코 BMW 만이 돌출하고 있는 것은 아니다.

밸브 작동을 정지시키는 기구

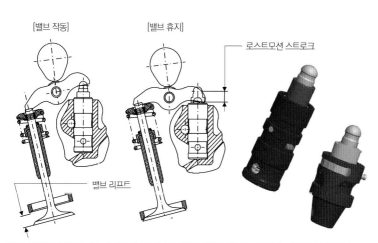

흡입한 공기량을 가변으로 하는 수단으로서 2개의 흡기 밸브 중 한쪽의 작동을 정지시키는 아이디어가 있다. Honda는 1991년에 이것을 실용화하였다. 위의 일러스트는 독일 Schaeffler group의 제품이며, 스위처블 피봇(Switchable pivot)이라고 불린다. 롤러 로커 암과 조합시킨 유압 피봇의 가장 높은 부분을 강하게 밀어서 로스트모션 스트로크(Lost motion stroke)를 만든다.

지나칠 수 없는 작은 부품의 진보

이것도 Schaeffler group의 Switchable 태핏이다. 중앙 부분만 튀어나와 캠 돌기를 높게 한 것과 같은 효과를 얻는다.

롤러 로커 암도 점점 개량되고 있다. 가벼운 면서도 강성을 높여가는 경향이 있다 . 그래도 가격은 점점 낮아지고 있다.

저 리프트용/고 리프트용의 캠 접점을 내장한 Schaeffler group 제품의 스위처블 롤러 로커 암이다. 유압 로크 기구를 내장하고 있다.

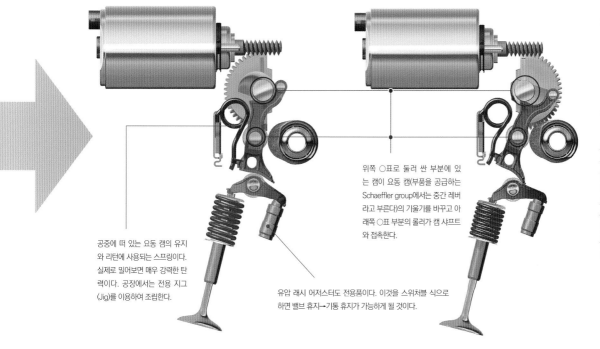

위쪽 ○표로 둘러 싼 부분에 있는 캠이 요동 캠(부품을 공급하는 Schaeffler group에서는 중간 레버라고 부른다)의 기울기를 바꾸고 아래쪽 ○표 부분의 롤러가 캠 샤프트와 접촉한다.

공중에 떠 있는 요동 캠의 유지와 리턴에 사용되는 스프링이다. 실제로 밀어보면 매우 강력한 탄력이다. 공장에서는 전용 지그(Jig)를 이용하여 조립한다.

유압 래시 어저스터도 전용품이다. 이것을 스위처블 식으로 하면 밸브 휴지→기통 휴지가 가능하게 될 것이다.

2001년에 등장한 1세대 밸브트로닉

1세대 밸브트로닉은 일러스트와 같은 요동 캠에 의하여 로스트모션(Lost motion ; 쓸데없는 작동)을 만들어 내어 밸브 리프트 양의 가변화를 달성하였다. 밸브 타이밍의 가변에 대해서는 Aisin정기의 VVT 유닛을 채용했는데 보통은 캠 샤프트의 토크 변동을 이용하여 작동시키는 VVT이기 때문에 일부에 토크의 변동이 없는 영역이 출현하는 리프트 가변 기구와의 매칭에는 Aisin정기 측의 아이디어가 필수 불가결하였다.

그러나 실제로는 BMW가 세계의 자동차 메이커에 밸브트로닉 쇼크를 불러 일으켰다. 2001년에 발표되기가 무섭게 각 회사가 이 방면의 연구에 박차를 가했다. 다시 말하면 수요는 스포티 엔진분만이 아니라 세계 곳곳에 있었던 것이다.

물론 아이디어만으로는 양산까지 이를 수가 없다. 우선, 기구가 너무 복잡해서는 안 된다. 동시에 공장에서의 조립이나 출하할 때 조정에 시간이 많이 들거나 신뢰성이 낮아서도 안 된다. 그리고 가능한 한 저비용으로 제품화할 것도 요구된다.

가변 리프트 기구의 경우 많은 자동차 메이커가 기통 간의 극소의 리프트 편차를 방지하기 위하여 선택 조립을 실행하고 있다. 각각의 부품을 3종류, 5종류 혹은 7종류라는 세세한 치수 정밀도로 나누고 설계 정밀도를 달성할 수 있도록 각각을 조합시키는 방법이다. 선택 조립 그 자체는 드문 것이 아니며, 엔진의 피스톤에서 베어링의 볼까지 수 많은 곳에서 실행되고 있다. 보통은 양산이 진행됨에 따라 선택 폭이 좁아져서 목표로 한 치수로 몰아넣게 되기도 한다. 리프트 가변 기구도 마찬

가지이다. Nissan은 조정 나사를 조립하여 생산라인 안에서 자동으로 조정하는 방식을 채용하고 있다. 그리고 부품의 미세한 개량이다. 시장의 데이터를 피드백 할 뿐만 아니라 제조 방법의 진보를 포함하여 가변 리프트 기구는 진보가 계속되고 있다.

캠 샤프트

3

2

요동 캠

로커 암

1

4

가장 현실적인 해결책

연속 가변 리프트 기구에서는 어떻게 저 리프트 상태를 만들까 하는 것이 과제가 된다. 시추에이션 마다 캠 로브의 높이가 변화하거나 밸브 스템의 길이가 변화된다면 리프트 양은 가변된다. 그러나 물론 그와 같은 기술은 아직 나타나지 않고 있다. 그런 이유에서 리프트 양을 바꾸기 위하여 캠 샤프트와 로커 암 사이에 「요동 캠」이라는 부품을 하나 더 설치하고 지렛대 원리에서 트래블 양을 변화시킴으로써 결과적으로 리프트 양을 연속적으로 가변시키는 구조를 구축하고 있다. 그 수단은 4개이다. 입력원인 캠 샤프트의 중심, 요동 캠의 지지점 중심, 회전 캠의 follower(요동 캠의 롤러), 그리고 요동 캠의 follower(로커 암의 롤러)이다. 물론 리프트 양을 가변시키기 위해서는 그 밖에도 여러 가지 방책을 생각할 수 있지만 실제로 대량 생산하고 있는 기술에 한하면 2011년부터 이 요동 캠 방법이 가장 현실적인 해결책이 되고 있다.

연속 가변 리프트를
실현하기 위한
4개의 수단

How dose it Work?

로스트 모션(Lost motion)이란?

연속 가변 리프트라는 매우 복잡 괴기한 시스템이다. 하고자 하는 것은 「밸브의 이동량을 작게 하는 것」이다.
그러기 위해서는 캠 샤프트의 회전력으로부터 밸브의 왕복운동에 이르는 과정에서 어느 곳의 운동을 억제할 것인가?
그 가장 현실적인 솔루션이 여기에서 소개하는 「로스트 모션 기구」인 것이다.

글 : MFi   그림 : 쿠마가이 토시나오(熊谷敏直)

밸브 시트

밸브

캠 샤프트 중심

최초의 입력원이다. 캠 샤프트의 중심을 멀리 떼어놓으면, 캠 돌기가 작아진 것과 같은 효과가 생기고 그 후 모든 출력은 작아지게 된다. Daimler가 특허를 취득하였는데 쉽게 상상할 수 있듯이 회전하는 캠 샤프트의 축 위치를 변화시키기 위해서는 수많은 난관에 봉착되기 때문에 실현되어 있는 시스템은 아직 눈에 띄지 않는다.

회전 캠 follower(롤러)

모처럼 요동 캠을 설치하였으니 그 작동을 가변화시킬 수 있다면 좋은 것은 분명하다. 그런 이유에서 로스트모션 기구를 실현하는데 가장 현실적인 수단이 되고 있는 것이 이 회전 캠 follower인 롤러의 이동이다. 캠 샤프트로 구동되는 롤러의 위치를 멀리 밀려나게 함으로써 아래 면의 캠 페이스가 이동하고 로스트모션 양이 변화한다.

요동 캠의 지지점

또 다른 요동 캠에 의한 로스트모션 기구가 요동 캠 지지점의 이동이다. 캠 샤프트로부터 지지점을 멀리 밀어 놓음으로써 가압점도 이동하여 캠 샤프트로부터의 입력이 감소하기 때문에 결과적으로 트래블 양이 감소하게 된다. 실제로는 편심 샤프트나 캠에 의해 미는 힘으로 이동시키는 방법 등이 채용된다. 2번의 방법과 함께 로스트모션에서는 실현성이 높은 방책이다.

요동 캠 follower(롤러)

최종적으로는 밸브를 미는 로커 암으로의 입력을 약하게 하면 리프트 양의 감소가 가능하다. 그래서 요동 캠 페이스에 대기하는 로커 암의 롤러를 이동시켜서 스트로크의 범위 안에서는 full로 일을 할 수 없도록 하는 것이 이 수단이다. 단순하게 슬라이드시키는 것이 아니라 회전 암 등을 이용하여 축을 움직이는 것이 현실적인 해결이다.

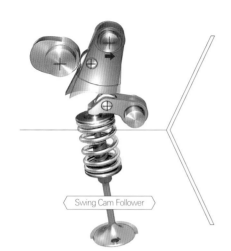

Mitsubishi

MIVEC

2011~ ▶ 4J10

싱글 캠 구조에서 VVT와 VVL을 양립

글 : 타카하시 잇페이(高橋一平) FIGURES : Mitsubishi Motors/만자와 코토미(萬澤琴美)/MFi

밸브 열림 시기 연동의 가변 리프트

Mitsubishi의 가변 밸브 시스템, MIVEC의 라인업에 새롭게 추가된 연속 가변 리프트 기구이다. 4J10형 엔진에 채용되는 이 시스템은 캠 샤프트로부터 흡기 로커 암까지의 사이를 중계하는 스윙 캠으로 로스트모션을 만들어내고 흡기 밸브의 리프트 양을 연속적으로 가변시키는 것이지만 로스트모션을 이용하는 많은 연속 가변 리프트 기구에서 볼 수 있는 저 리프트 시의 밸브 열림 시기 지연이 거의 없고 리프트 양을 변화시키더라도 밸브 열림 시기는 거의 같은 상태가 되는 점이 커다란 특징 중의 하나이다.

이로 인하여 연속 가변 리프트 기구에서 거의 필수가 되어온 밸브 열림 시기의 보정을 목적으로 한 가변 위상(VVT)과의 협조 제어가 불필요하게 된 점에서 SOHC에 의한 심플한 시스템으로 자리를 잡고 있다(VVT를 사용한 협조 제어에는 DOHC가 필수). 이와 관련하여 캠 샤프트에는 유압식 VVT도 채용되는데 이것은 고부하 시에 흡기 밸브를 늦게 닫음으로써 효율을 향상시키기 위한 목적으로 설치하는 장치이다.

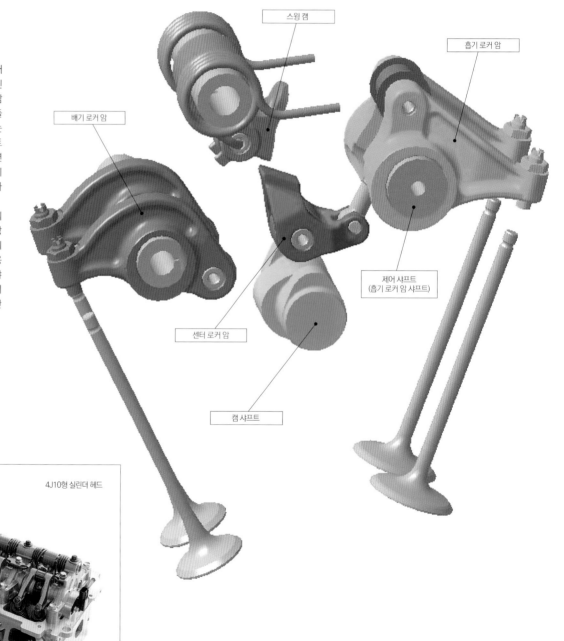

스윙 캠

흡기 로커 암

배기 로커 암

제어 샤프트
(흡기 로커 암 샤프트)

센터 로커 암

캠 샤프트

4J10형 실린더 헤드

MIVEC의 구조와 동작

로스트모션을 만들어내는 기구 등의 추가에 의하여 상당히 대형 화되는 경향이 있는 연속 가변 리프트 기구이지만 MIVEC에서는 SOHC화 등을 비롯하여 콤팩트하면서도 심플하게 완성하는 것을 목표로 하고 있다. 특히 독특한 것은 흡기 측 로커 암 샤프트를 리프트 양 제어용의 컨트롤 샤프트(왼쪽 페이지 그림 중의 "제어 샤프트")와 공용한다는 구조이다. 컨트롤 샤프트를 회선시키는 것에 의해 캠 샤프트와 접촉하는 센터 로커 암의 위치를 움직이고 스윙 캠과 흡기 로커 암 사이에서 발생하는 로스트모션(무효동작)의 크기를 조정하는 것이지만 고(高) 리프트 측으로 센터 로커 암을 이동하면 동시에 센터 로커 암과 캠 샤프트가 접촉하는 점이 지각(遲角)의 형태로 되어 결과적으로 리프트 양을 변화시켜도 밸브 열림 시기가 변하지 않는다는 장점으로 연결되고 있다. 물론 샤프트의 공용에 의한 부품 수가 적어져 콤팩트화에 기여하고 있는 것은 말할 것도 없다.

좌측이 저(低) 리프트, 우측이 고(高) 리프트인 상태이다. 컨트롤 샤프트를 겸하는 흡기 측 로커 암 샤프트의 각도 변화에 따라 센터 로커 암의 위치가 움직이고 있다. 사진 중의 캠 샤프트는 시계 반대 방향으로 회전하기 때문에(아래의 그림 중에 그려져 있는 캠 샤프트의 회전 방향은 시계방향), 고 리프트 상태에서는 센터 로커 암의 위치가, 저 리프트보다도 타이밍적으로 지각되고 있는 것을 알 수 있다.

최소 리프트 상태 · 최대 리프트 상태

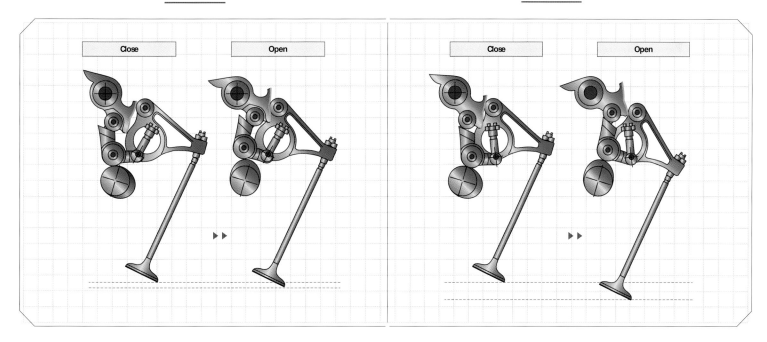

중앙 부분의 롤러로 캠 샤프트에 직접 접촉하고, 우측에 보이는 슬리퍼 면을 통하여 그 움직임을 스윙 캠으로 전달하는 센터 로커 암이다. 좌측에 보이는 핀 부분은 컨트롤 샤프트 측면에 열려있는 구멍에 끼워 넣어진 형태로 되어 있다. 핀의 밑에는 피봇이 설치되어 있으며, 이 부분을 지지점으로 캠 샤프트에 추종한다.

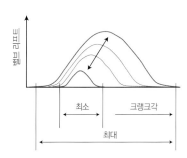

일반적으로 로스트모션을 이용하는 연속 가변 리프트 기구에서는 리프트 양의 변화에도 불구하고 리프트 커브 정점의 위치는 변함이 없기 때문에 저 리프트 시에 밸브 열림 시기의 지연이 현저해 지게 되므로 VVT와의 협조 제어에 의한 밸브 열림 시기의 보정이 필수적이지만 MIVEC에서는 위의 그래프에서 나타내고 있는 것처럼 리프트 양이 변화하여도 밸브 열림 시기는 거의 변화되지 않는다.

● Professional's eye | Dr. HATAMURA

2005년 동경 모터쇼에서 소개된 이 기구는 연속 가변이었지만 3단 변환으로 가까운 미래에 양산화 된다는 정보가 있어 주목하였다. 그 후 어떠한 이유에서인지 이야기는 두절되었다. 왜일까? 왼쪽 페이지 그림의 녹색 레버가 핑크의 암을 구동하는 부분이 롤러로 되어 있지만 이전의 기구에서는 링크를 사용한 핀의 결합이었다. 다른 기구에서도 링크와 핀의 결합이 사용되고 있는 경우가 있지만 가속도가 심한 밸브 기구에 핀의 결합을 사용하고 있는 것은 강성의 확보와 마모의 문제로 매우 곤란하다. 이것을 개선하여 자신을 갖고 시장에 도입할 수 있는 기회가 오기까지 5년의 세월이 필요했을 지도 모르겠다.

이 기구에서 주목해야하는 것은 리프트[& 열림 각도]에 추가하여 위상이 동시에 변화하는 점이다. 그러므로 비용과 질량이 유리한 SOHC에 채용할 수 있었다. 그리고 DOHC에 사용하는 경우는 흡기의 VVT(위상 변화)가 불필요하게 된다. 보급되고 있는 가변 밸브 기구로서 주목하고 싶다.

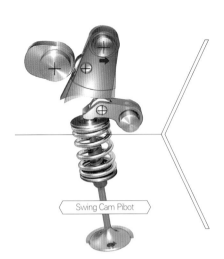

Swing Cam Pibot

BMW

Valvetronic

2004~ ▶ N13, N14, N20, N52, N55

심플한 기구로 확실한 연속 가변 리프트를 실현

글 : 타카하시 잇페이(高橋一平) FIGURES : BMW/마키노 시게오(牧野茂雄)/만자와 코도미(萬澤琴美)

제2세대를 맞이하여 완성도가 높아지며, 합리화가 진행 중이다.

스로틀 밸브의 기능을 밸브 리프트 양의 제어로 변환하는 것을 목적으로 한 연속가변 리프트 기구의 개척자적인 존재라고 말할 수 있는 BMW의 밸브트로닉. 제2세대를 맞이하여 완성도가 높아지면서 제1세대에서는 페일 세이프의 의미로 남아있던 스로틀 밸브도 그 모습이 완전히 사라지고 레이아웃이나 소재의 변경 등에 의하여 보다 합리화가 진행되고 있다.

스로틀 밸브에 해당하는 컨트롤 샤프트에 의하여 지지점의 위치가 이동하는 "요동 캠"을 통하여 캠 샤프트로부터의 움직임을 로커 암으로 전달한다. 언뜻 난해한 것 같지만 어디에도 고정되어 있지 않은 이른바 플로팅 상태의 요동 캠이 여러 개의 접점에서 미끄러짐을 동반하면서 움직인다는 점이 이해하기 위한 중요한 포인트이다. 기본적으로 지지점의 위치에 따라 변화하는 로스트모션(무효 동작)의 크기가 밸브 리프트의 양을 결정하는 요소가 되고 있으며, 로스트모션이 클수록 리프트 양은 작고 로스트모션이 작을수록 또는 없다면 리프트 양은 커진다.

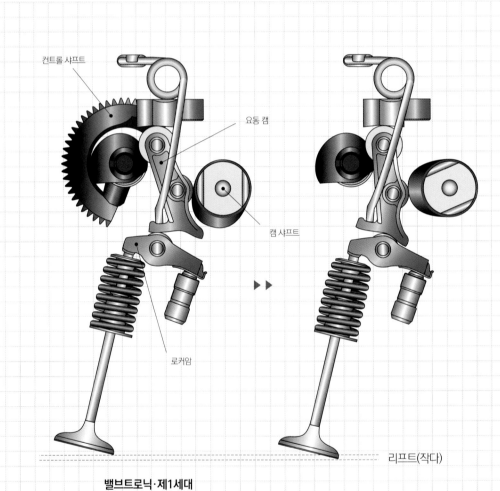

컨트롤 샤프트

요동 캠

캠 샤프트

로커암

▶▶

리프트(작다)

밸브트로닉 기계의 구성

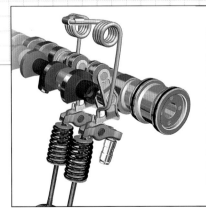

왼쪽 그림에서 제일 위에 보이는 헤어핀(hairpin) 스프링(로스트모션 스프링)에서 뻗은 팔로 (밸브 구동용의) 캠 샤프트를 향하여 억누르고 있는 것이 요동 캠이다. 그 앞에 보이는 부채형상의 선형 캠을 갖는 샤프트가 컨트롤 샤프트이다. 롤러 타입의 Finger Follower를 비롯하여, 거의 대부분의 가동부분에 롤러가 사용된다.

밸브트로닉·제1세대

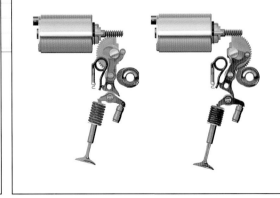

컨트롤 샤프트나 로스트모션 스프링 위치의 차이 등 제2세대와는 레이아웃이 약간 다르다. 컨트롤 샤프트가 웜 기어(worm gear)통하여 모터로 구동되고 있는 것을 알 수 있지만 이것은 제2세대도 마찬가지이다. 좌측이 최소 리프트이고 오른쪽이 최대 리프트상태이다. 기본적인 동작 요소는 제 1세대와 제 2세대가 공통으로 되어 있다

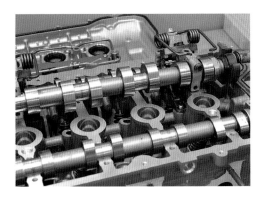

실제의 밸브트로닉 기구[임시로 가(假)조립된 상태]이다. 앞에 보이는 배기 측의 캠 샤프트와 비교하여 속으로 보이는 흡기 측 캠 샤프트의 위치가 높다는 것을 알 수 있다. 요동 캠은 흡기 측 캠의 반대쪽에 위치(제일 우측 기통의 좌측 밸브만으로 임시 조립)한다. 가 조립으로 인해 로스트모션 스프링이 정위치에 놓이지 않고 앞으로 튀어나와 있다.

좌측 사진의 상태에서 배기 측 캠 샤프트를 떼어낸 모습이다. 로스트모션 컨트롤 스프링의 아래에는 요동 캠 상부를 억누르는 부분이 있고 홈에 롤러가 설치되어 있는 모습을 알 수 있다. 요동 캠 하부의 Roller Follower와 접촉하는 부분도 롤러가 설치되는 우묵한 형태의 레일 형상으로 되어 있고 이로 인하여 가로 방향으로의 움직임이 규제되고 있다.

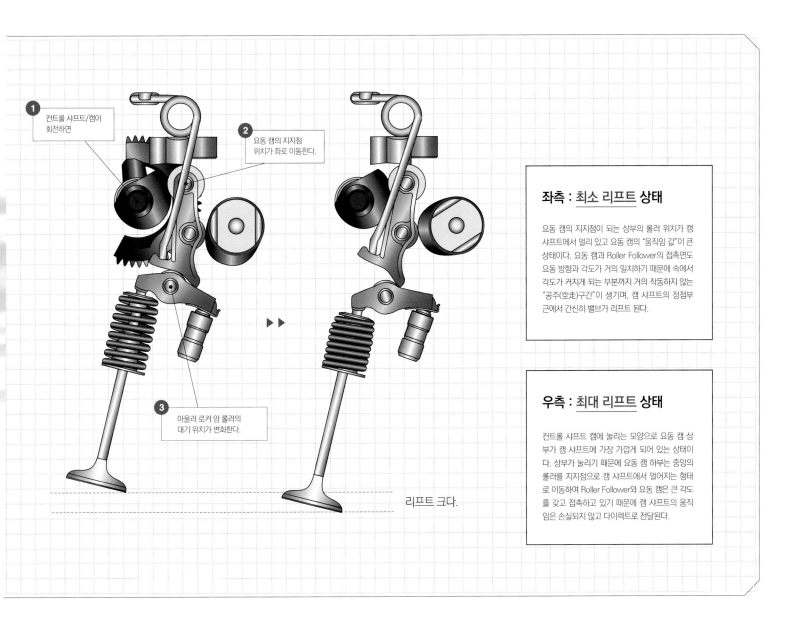

1 컨트롤 샤프트/캠이 회전하면

2 요동 캠의 지지점 위치가 좌로 이동한다.

3 아울러 로커 암 롤러의 대기 위치가 변화한다.

리프트 크다.

좌측 : 최소 리프트 상태

요동 캠의 지지점이 되는 상부의 롤러 위치가 캠 샤프트에서 멀리 있고 요동 캠의 "움직임 값"이 큰 상태이다. 요동 캠과 Roller Follower의 접촉면도 요동 방향과 각도가 거의 일치하기 때문에 속에서 각도가 커지게 되는 부분까지 거의 작동하지 않는 "공주(空走)구간"이 생기며, 캠 샤프트의 정점 부근에서 간신히 밸브가 리프트 된다.

우측 : 최대 리프트 상태

컨트롤 샤프트 캠에 눌리는 모양으로 요동 캠 상부가 캠 샤프트에 가장 가깝게 되어 있는 상태이다. 상부가 눌리기 때문에 요동 캠 하부는 중앙의 롤러를 지지점으로 캠 샤프트에서 멀어지는 형태로 이동하여 Roller Follower와 요동 캠은 큰 각도를 갖고 접촉하고 있기 때문에 캠 샤프트의 움직임은 손실되지 않고 다이렉트로 전달된다.

● Professional's eye | Dr. HATAMURA

21세기에 들어와 밸브트로닉이 나타날 때 까지 고속회전에서 격심한 왕복운동을 반복하는 밸브 기구의 리프트(& 열림 각도)를 연속적으로 변화시키는 기구의 메커니즘 실현은 곤란하다고 고속회전화에 애를 먹던 밸브 기구의 설계자일수록 굳게 믿고 있었다. 그런데 2001년 BMW는 로스트모션(요동 캠) 방식의 메커니즘을 이용하여 그것을 멋지게 실용화하였다. 현재는 제2세대로 진화하여 전면 전개(展開)되는 데에 이르렀다. 14, 16, V8, V12까지 모듈 설계의 BMW 다움이 있었기에 가능한 전면전개인 것이다. 논 스로틀에 추가되어 좌우 비

대칭 리프트에 의한 스월의 생성, 흡기 밸브의 늦게 열림에 의한 난기성 대책, 터보 과급과의 조합 및 그 활용은 이전의 VTEC을 떠올리게 하는 추세를 보이고 있다.

메커니즘으로 가능한 것을 알았기 때문에 다른 회사에서도 금세기에 들어서 개발에 본격적으로 나서 수년 늦게 Toyota, Nissan이 실용화에 이르렀지만 메커니즘의 심플함, 멋짐, 활용방법 면에서 밸브트로닉의 우위성은 흔들릴 기미가 없다.

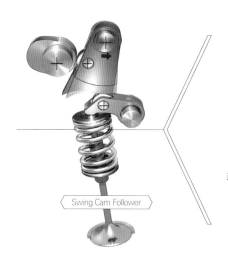

Swing Cam Follower

Toyota
VALVEMATIC

2007~ ▸ 1ZR-FAE, 2ZR-FAE, 3ZR-FAE

평행 이동과 스플라인 구조를 조합시킨 시스템

글 : 마츠다 유지(松田勇治) FIGURES : Toyota/마키노 시게오(牧野茂雄)/만자와 코토미(萬澤琴美)/MFi

복잡한 기구와 작동을 실현시키다

2007년 6월 발표·발매한 R70계열 Noah/Voxy가 탑재한 3ZR-FAE형 엔진에서 처음 채용된 연속 가변 밸브 리프트 기구이다. 2011년 11월 초순에는 동계열의 또 다른 배기량인 1ZR-FAE형 및 2ZR-FAE형에도 탑재되면서 탑재되는 차종이 확대되었다. 로스트모션의 발생은 회전 캠 Follower의 위치를 움직이는 것으로 실현되는 타입이다.

구성 요소는 스텝핑 모터, 컨트롤 샤프트(요동 캠 샤프트), 슬라이더 기어, 롤러 암과 요동 캠으로 구성되는 요동 암이다. 회전 캠과 컨트롤 샤프트를 평행으로 배치하여 엔진 전체 높이에 영향을 주지 않고 연속 가변 밸브 리프트를 실현시킨 것이 특징이다. 캠 캐리어로부터 아래는 기존 엔진에 변경을 가하는 일 없이 탑재할 수 있다는 것도 장점으로 언급된다. 단, 기구와 작동은 약간 복잡하다. 그리고 실린더 별 리프트 양의 편차를 관리하는 컨트롤 샤프트 핀 위치의 정밀도가 매우 중요한 요소가 되고 있다.

위쪽/안쪽의 캠 샤프트가 흡기 측 회전 캠이며, 더 안쪽에 있는 것이 요동 암(롤러 암+요동 캠)이다. 회전 캠의 돌기에 대치하고 있는 부분이 롤러 암, 그 좌우가 요동 캠 부분이다. 아래쪽/앞에 있는 외주부의 스플라인을 잘라낸 부품이 슬라이더 기어로 중앙부의 스플라인이 좌측에 있는 롤러 암 안둘레의 스플라인과 좌우의 스플라인은 요동 캠의 안둘레와 맞물린다.

밸브매틱의 구조와 동작

98스텝/회전의 분리 능력을 갖는 스텝핑 모터의 회전에 의하여 컨트롤 샤프트(요동 캠 샤프트)가 회전하면 같은 축 위에 배치되어 있는 슬라이더 기어도 회전한다. 슬라이더 기어에는 비스듬한 방향으로 스플라인이 배치되어 있어 회전 캠이 직접 작용하는 다시 말하면 회전 캠 Follower인 롤러 암 및 요동 캠 안둘레에 설치되어 있는 스플라인과 맞물려 있다. 컨트롤 샤프트가 회전하여 요동 암의 전체가 가로방향으로 움직이고 그 작동에 따라 롤러 암에 대한 요동 캠의 각도가 변화하여 밸브 리프트 양을 변화시킨다. 컨트롤 샤프트와 요동 암의 위치 결정에는 가이드용 핀을 사용하며, 이것이 리프트 양의 관리에 큰 영향을 준다. 밸브 타이밍을 변화시키는 기능은 없기 때문에 현재의 밸브 매틱 채용 엔진은 모두 연속 가변 밸브 타이밍 기구인 VVT-i와 조합시키고 있다.

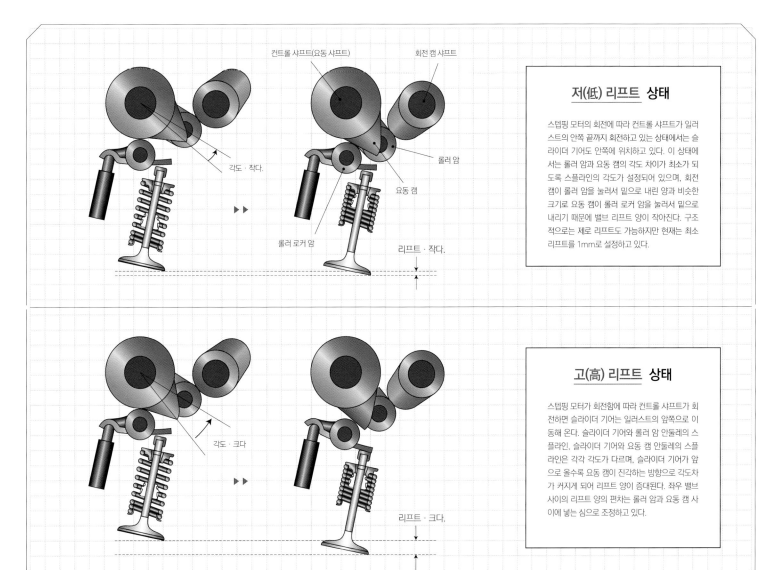

저(低) 리프트 상태

스텝핑 모터의 회전에 따라 컨트롤 샤프트가 일러스트의 안쪽 끝까지 회전하고 있는 상태에서는 슬라이더 기어도 안쪽에 위치하고 있다. 이 상태에서는 롤러 암과 요동 캠의 각도 차이가 최소가 되도록 스플라인의 각도가 설정되어 있으며, 회전 캠이 롤러 암을 눌러서 밑으로 내린 양과 비슷한 크기로 요동 캠이 롤러 로커 암을 눌러서 밑으로 내리기 때문에 밸브 리프트 양이 작아진다. 구조적으로는 제로 리프트도 가능하지만 현재는 최소 리프트를 1mm로 설정하고 있다.

고(高) 리프트 상태

스텝핑 모터가 회전함에 따라 컨트롤 샤프트가 회전하면 슬라이더 기어는 일러스트의 앞쪽으로 이동해 온다. 슬라이더 기어와 롤러 암 안둘레의 스플라인, 슬라이더 기어와 요동 캠 안둘레의 스플라인은 각각 각도가 다르며, 슬라이더 기어가 앞으로 올수록 요동 캠이 진각하는 방향으로 각도차가 커지게 되어 리프트 양이 증대된다. 좌우 밸브 사이의 리프트 양의 편차는 롤러 암과 요동 캠 사이에 넣는 심으로 조정하고 있다.

● Professional's eye | Dr. HATAMURA

2000년에 기본 구조에 대한 특허 출원이 되었기 때문에 밸브트로닉에 자극을 받아 개발이 본격화되었을 것이다. 밸브트로닉과 같은 요동 캠 방식이지만 스플라인과 핀을 사용하는 복잡한 구조인데 캠 샤프트 방향의 푸시로드로 컨트롤하기 때문에 열팽창의 영향을 받는 등 기본적인 어려움을 품고 있다. 시장에 도입한 후 얼마간은 딜러에게 가봐도 영업 담당자가 다른 기종을 권하는 등 신기술 적응에 진통도 있었지만 지금은 적용 기종을 증가시키고 있으며, 생산성이나 비용 등의 과제도 해결한 것으로 보인다.

이 기구의 좋은 점은 가변 기구를 요동 캠 안에 넣기 때문에 샤프트에 취부시키면 결속이 좋고 조립성도 좋은 것 같다. 그리고 캠 캐리어 방식으로 함으로써 실린더 헤드 하부를 고정 밸브 기구의 엔진과 공통화하고 있다. 생산 현장을 잘 고려한 Toyota다운 작품이라고 말할 수 있다.

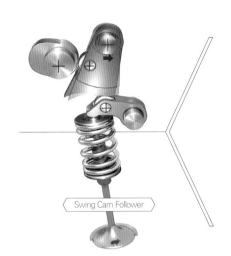

Swing Cam Follower

VVEL

2007~ ▶ VQ37VHR

복잡한 회전 링크기구로 가변 리프트를 실현

글 : 마키노 시게오(牧野茂雄) FIGURES : Nissan/마키노 시게오(牧野茂雄)/만자와 코토미(萬澤琴美)

높은 탑재성을 위한 연구

Nissan VVEL(Variable Valve Event & Lift)의 근본은 Atsuki-unisia가 1990년대 후반에 개발 착수한 시스템이다. 2001년도 SAE에서는 동사와 Nissan이 공동으로 논문을 발표하였다. 최대의 특징은 일반적인 밸브 직동식 DOHC 헤드에 캠 샤프트와 밸브의 위치 관계를 변경 없이 탑재가 가능하다는 점이다. 공급자다운 발상이다. 우측의 일러스트가 VVEL 기구인데 컨트롤 샤프트의 각도를 모터와 볼 스크루 너트(볼나사)에 의해 변화시키는 구조이다. 크랭크샤프트와 함께 회전하는 보통의 캠 샤프트는 아래 사진의 드라이브 샤프트이고 컨트롤 샤프트는 회전하지 않는다. 모터/볼나사가 적색 선으로 둘러싼 로커 암의 중심(지지점)을 움직여서(샤프트가 편심되어 있다) 링크 기구를 이용하여 밸브 리프터에 접촉하는 아웃풋 캠(우측 페이지 참조)과 밸브 리프터의 위치 관계를 변화시킨다.

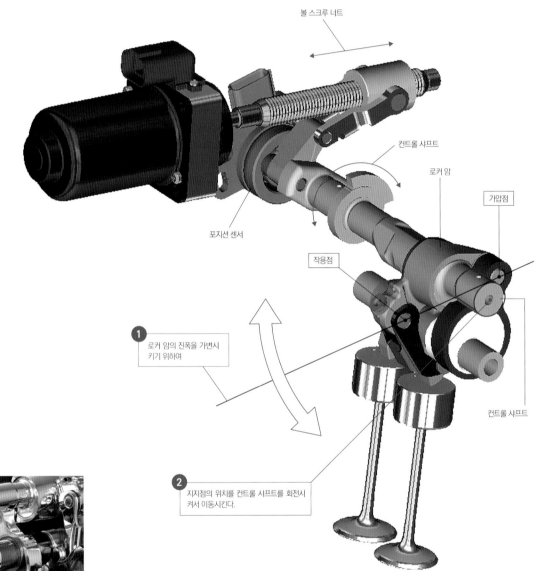

볼 스크루 너트

컨트롤 샤프트

로커 암

가압점

포지션 센서

작용점

컨트롤 샤프트

1 로커 암의 진폭을 가변시키기 위하여

2 지지점의 위치를 컨트롤 샤프트를 회전시켜서 이동시킨다.

컨트롤 샤프트	로커 암

편심 캠	드라이브 샤프트	링크 A

링크 B	아웃풋 캠

VVEL의 레이아웃

로커 암에 취부된 링크 A/링크 B의 움직임을 조합시켜 아웃풋 캠과 밸브 리프터가 접촉되는 방법을 바꾸기 위하여 편심 캠을 사용한다. 좁은 공간 속에서 리프트 가변 기구를 성립시키고 있다.

VVEL 가변 기구의 동작

우측의 사진은 VVEL을 분해한 것이다. 아래쪽이 드라이브 샤프트, 위가 컨트롤 샤프트이다. 좌측 페이지의 일러스트와 비교해 보면 닮은꼴이 되는데, 이것은 V형 엔진의 양쪽 뱅크에 기구를 조립하기 위해서는 2세트가 필요하기 때문이다. 이 상태에서 좌우를 역전시키면 좌측 페이지의 유닛과 V형 엔진의 뱅크 마다 pair가 된다. 드라이브 샤프트가 회전하면 편심된 링크 A가 상하운동을 만들어내며, 밸브 리프터를 밀거나 당기게 된다. 리턴 스프링이 없는 데스모드로믹(Desmodromic) 기구인 것이다.

리턴 스프링 분량의 구동 마찰이 없고 그 만큼 드라이브 샤프트의 구동 토크를 낮게 할 수 있다. 아래의 일러스트는 저(低) 리프트/고(高) 리프트의 상태를 비교한 것인데 리프트 차이를 만들어 내기 위해서 이렇게 복잡한 (그렇다고는 하지만 뛰어난) 링크 기구가 되었다. 모터의 응답성은 빠르고 극소 리프트에서 최대까지 230ms, 그 반대는 180ms이다. 보통 사용하는 최소 리프트는 1.4mm 부근, 최대는 11.1mm라고 한다.

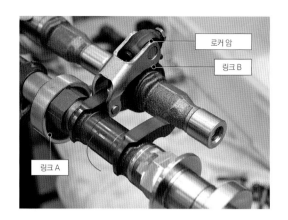

링크 A / 로커 암 / 링크 B

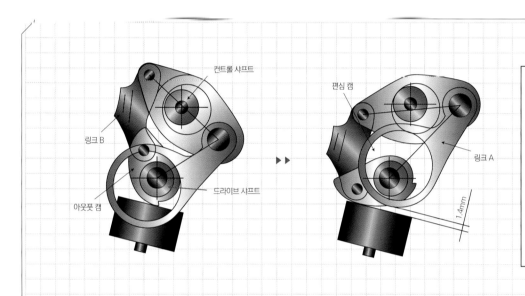

컨트롤 샤프트 / 편심 캠 / 링크 B / 링크 A / 아웃풋 캠 / 드라이브 샤프트 / 1.4mm

저(低) 리프트 상태

저 리프트 및 적은 이벤트의 상태이다. 좌측은 아웃풋 캠 구동 핀이 높은 위치(밸브 닫힘), 우측은 낮은 위치(최소 리프트)이다. 로커 암에 A/B 링크를 장치한 축의 중심을 연결하는 선 위에 컨트롤 샤프트의 지지점이 위치하고 그 위치는 우측과 좌측이 다르다. 또한, 링크 A의 축과 아웃풋 캠의 중심과의 간격도 늘어나거나 줄어드는 것을 확인할 수 있다.

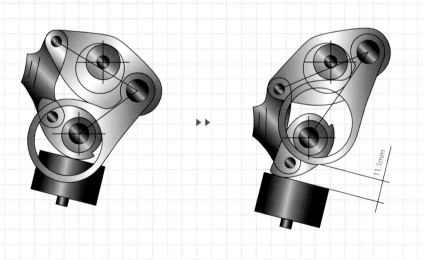

11.1mm

고(高) 리프트 상태

고 리프트 및 큰 이벤트의 상태이다. 위의 일러스트와 마찬가지로 링크 A/B의 설치하는 축을 어느 정도로 기울이는가에 따라 아웃풋 캠이 밸브 리프터와 접촉하는 상태가 변한다. 아웃풋 캠 요동 축이 최저의 위치에 올 때가 최대 리프트가 된다. 회전의 한계는 8000rpm 이상이라고 한다. 덧붙여 말하면 VVEL 시판 전의 논문에서는 최소 리프트 0.72mm/최대 12.3mm 였다.

● Professional's eye | Dr. HATAMURA

1990년대에 부품 메이커가 개발하고 있던 기구를 Nissan이 받아들여 공동으로 개발 실용화한 것으로 직렬 4기통 양산 엔진의 캠 샤프트 위치를 변경 없이 실린더 헤드에 조립이 가능한 점이 좋았다. 그 때문에 복잡한 링크 기구로 구성되면서 조립성 등은 상당한 희생을 감수해야 했다. 유리한 점은 편심 회전 캠에 의한 데스모드로믹 기구의 채용으로 로스트모션 스프링이 불필요한 점, 저 리프트의 리프트 편차를 나사로 조정하는 기구를 갖추고 있는 점일 것이다.

기구의 특성상 열리는 측과 닫는 측의 가속도가 달라서 비대칭의 리프트 커브로 되기 때문에 좌우의 실린더 헤드를 공통화하려는 V형 엔진 쪽으로는 생각하지 않았다. 그런데 최종적으로 양산된 것은 V형 엔진으로 좌우 헤드의 공통화는 단념하였다. 더욱이 캠 샤프트의 위치까지 전용으로 변경되어 있다. 자동차 메이커의 집안 사정이라고는 하여도 특징을 충분히 살리지 못하고 있는 것은 아쉽다.

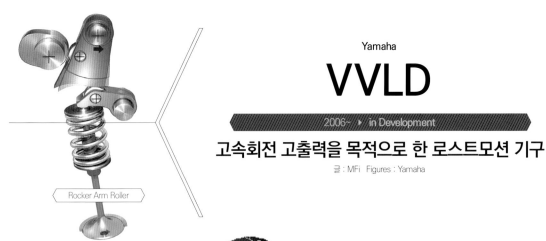

Rocker Arm Roller

Yamaha

VVLD

2006~ ▶ in Development

고속회전 고출력을 목적으로 한 로스트모션 기구

글 : MFi Figures : Yamaha

8000 rpm 이상을 실현한 시스템

VVLD란 Variable Valve Lift and Duration을 말한다. Yamaha 발동기인 VVLD는 동사(同社)다운「고속회전/고출력 가솔린 엔진의 실현」을 위한 가변 밸브 기구이다. 개발에 즈음해서는「기계식 캠 구동」「롤러 Follower의 채용」「HLA를 사용하지 않는다」등의 기계적 요건과「열림 각이 클 때 리프트 커브의 시간 면적은 종래의 밸브 계통보다 감소시키지 않는다.」「열림 각이 작을 때 리프트를 극력 저하시키지 않는다.」「회전수 한계 8000 rpm 이상」「최소 0mm~최대 11mm인 리프트 양」등의 동작 요건이 설정되었다. 구조와 기계적 배치의 특징으로서는 캠 샤프트가 시스템의 정상에 비치되고 요동 캠을 통하여 가변식 로커 암을 작동시키는 구조이다. 캠 샤프트에서 입력으로부터 밸브 스템을 미는 동작까지의 힘의 전달이 직선적이기 때문에(특히 최대 리프트 시) 시스템 전체에서 높은 강성을 확보할 수 있다. 결과적으로 고속회전/고출력으로의 대응이 가능하게 되었다. 한편으로는 실린더 헤드의 높이가 높아지는 과제도 갖고 있다.

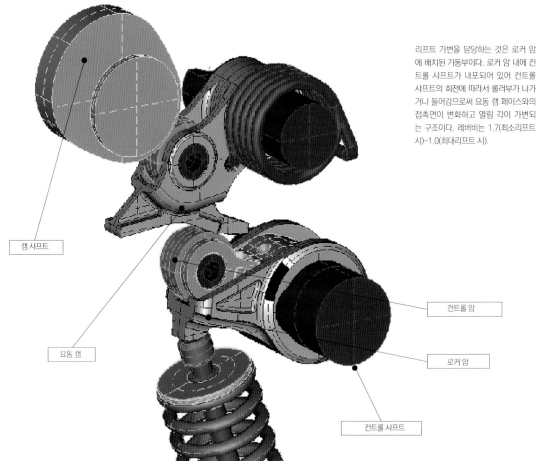

캠 샤프트

요동 캠

리프트 가변을 담당하는 것은 로커 암에 배치된 가동부이다. 로커 암 내에 컨트롤 샤프트가 내포되어 있어 컨트롤 샤프트의 회전에 따라서 롤러부가 나가거나 들어감으로써 요동 캠 페이스와의 접촉면이 변화하고 열림 각이 가변되는 구조이다. 레버비는 1.7(최소리프트 시)~1.0(최대리프트 시).

컨트롤 암

로커 암

컨트롤 샤프트

Minimum   Maximum

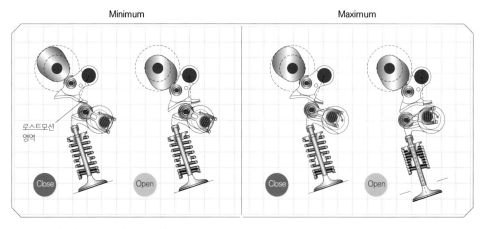

로스트모션 영역

Close   Open   Close   Open

요동 캠 페이스(Face)에 비작동 영역(로스트모션)을 마련해 둠으로서 컨트롤 암 롤러의 대기 위치에 따라서는 리프트 제로도 실현이 가능하다(좌측 2점의 그림). 열림 각이 클 경우에는 롤러를 요동 캠 페이스의 램프(Ramp) 개시 점에 대기시킴으로써 큰 리프트 동작으로 한다. 직선적으로 가해지는 힘의 상태를 그림에서 보아 알 수 있을 것이다.

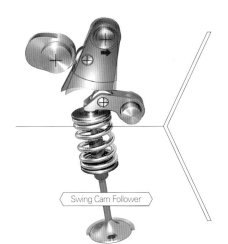

Swing Cam Follower

Kolbenschmidt Pierburg

Univalve

2007~ ▶ in Development

밸브트로닉 II와 매우 비슷한 시스템

글 : MFi   Figures : KSPG AutoMotivePower/MFi

콤팩트하게 로스트모션을 설계

독일 Kaiserslautern 공과대학과 같은 독일의 공급자인 Kolbenschmidt Pierburg (KSPB)에 의한 연속 가변 리프트 기구로 2011년 3월에 데뷔하였다. 실린더 헤드에 조립된 시스템으로서 자동차 메이커에 제안 중인 상태이다. 기계의 구성은 BMW의 밸브트로닉(제2세대)와 매우 비슷하지만 서로 다른 점은 요동 캠의 로스트모션을 만드는 방식이다. 밸브트로닉 II의 요동 캠에서는 위로부터 「지지점~가압점~작용점」으로 배열하고 중앙의 지지점 위치를 기어를 사용한 컨트롤 샤프트의 캠에 따라 변화시키는 것에 비하여(스윙 암 방식), 유니 밸브의 요동 캠은 「가압점~지지점~작용점」의 순서로 위로부터 배열하고 지지점 위치를 익센트릭 샤프트(Eccentric Shaft)에 의하여 움직이도록 하는 로커 암 방식을 채용하고 있다. 흡기 측에 채용한 경우 자연흡기 엔진에서 12% 이상의 연비 향상이 기대됨과 동시에 저 리프트(좁은 열림 각)에 의하여 저속회전 영역의 토크 증강이 얻어진다고 한다.

요동 캠은 쌍두(雙頭)로 2개의 밸브를 구동한다. 최상부에 설치된 롤러가 캠 샤프트의 회전을 받는 부분이며, 익센트릭 샤프트와 함께 접촉되는 면에는 롤러를 사용한다. 요동 캠 페이스의 리프트 개시 위치가 로커 암의 롤러로부터 떨어져 대기하고 한 가운데의 움푹한 부분까지 구르면 소(小) 리프트, 한 가운데의 움푹한 곳에서 대기하여 선단까지 구르면 대(大) 리프트가 실현된다.

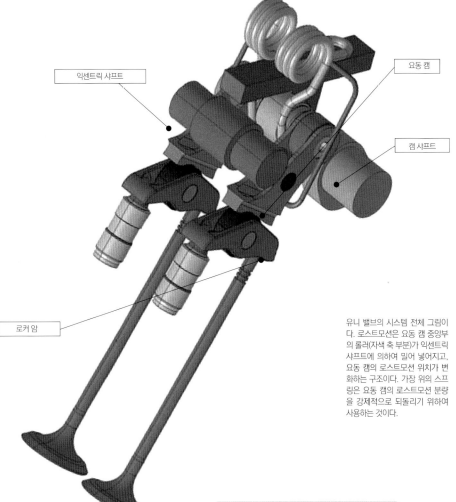

익센트릭 샤프트

요동 캠

캠 샤프트

로커 암

유니 밸브의 시스템 전체 그림이다. 로스트모션은 요동 캠 중앙부의 롤러(자색 축 부분)가 익센트릭 샤프트에 의하여 밀어 넣어지고, 요동 캠의 로스트모션 위치가 변화하는 구조이다. 가장 위의 스프링은 요동 캠의 로스트모션 분량을 강제적으로 되돌리기 위하여 사용하는 것이다.

2011년의 IAA(프랑크푸르트 쇼)에서 전시된 유니 밸브의 데먼스트레이터(demonstrator)이다. 아크릴 프레임에 3기통 분량이 흡기 측에 탑재되어 있다. 그 외에 4기통 실린더 헤드에 흡기 측 유니 밸브/배기 측 VVT 상태로 로드테스트를 끝낸 듯한 사진도 있어 개발이 진행 중인 상태를 알 수 있다.

● **Professional´s eye** | Dr. HATAMURA

원래 독일의 대학과 벤처 기업이 개발하고 연구하던 기구에 피스톤 메이커인 Kolbenschmidt가 착안하여 실용화를 위한 공동개발을 하고 있다. 개발은 최종 단계이며, 각 자동차 메이커에 판매하려는 중인 듯하다. 시작품의 완성된 모양을 보더라도 그렇게 멀지 않은 시기에 어느 자동차 메이커가 시장에서 선을 보여도 이상하지 않은 수준이다.

기구는 요동 캠을 사용한 로스트모션 방식으로 캠 센터의 위치도 높지 않게 콤팩트하면서 저비용화를 충분히 의식한 설계이다. 밸브트로닉과 마찬가지로 요동 캠 센터를 이동하는 방식이지만 스윙 암(지지점이 끝에 있다)의 요동 캠에 비하여 이것은 로커 암(지지점이 중앙에 있다)의 요동 캠이라고 할 수 있다. 좌우 비대칭 리프트 등 밸브트로닉과 거의 같은 기능을 갖지만 로커 암은 강성을 높이는 것이 어렵기 때문에 고속회전은 어려울 것이다. 아직은 밸브트로닉을 추월하지 못한다.

가이드 스윙 암

회전 캠 샤프트

로스트모션 스프링

컨트롤 암

스윙 암(요동 암)

컨트롤 샤프트

롤러 로커 암

하이드롤릭 래시 어저스터

포핏 밸브

2

✦ ▸ DEVELOPMENT STORY

개발이 진행 중인 연속 가변 밸브 타이밍 & 리프트 기구

Variable Valve Phase Lift(가칭)의 개요

현재 열심히 개발 중인 연속 가변 밸브 기구를 취재하였다.
비교적 심플한 구조인데도 불구하고,
높은 기능을 실현하는 점이 「VVPL」의 특징이다.

글 : 마츠다 유지(松田 勇治)
ILLUSTRATION : 오기노 공업(荻野工業)

● 회전 캠 측으로부터 정면도　　　● 컨트롤 샤프트 측으로부터 정면도

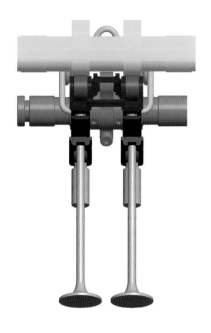

각 부의 구조 및 작동 상황의 설명용으로 작성한 scale model이다. 컨트롤 암의 움직임에 대한 요동 암의 위치관계 변화는 약간 복잡한 움직임이 되므로 실제의 모델을 작동시키면서 하지 않으면 설명하기 어렵다.

VVPL의 구성부품

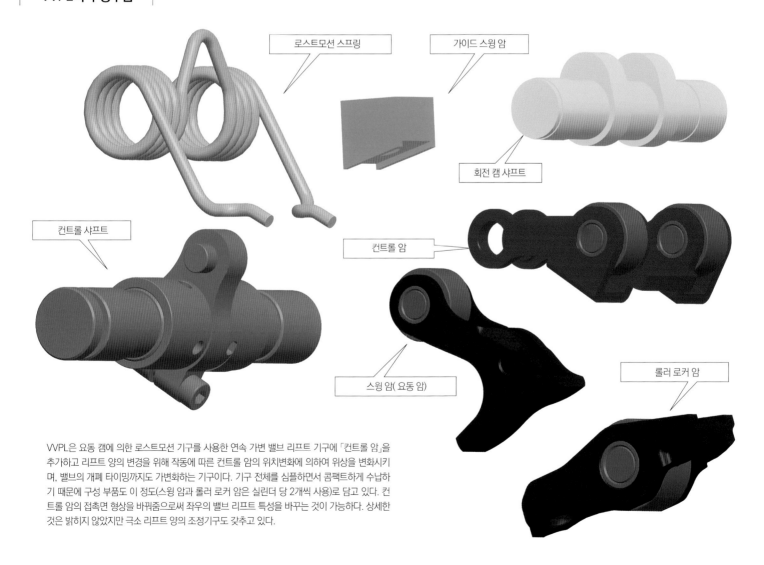

로스트모션 스프링

가이드 스윙 암

회전 캠 샤프트

컨트롤 샤프트

컨트롤 암

스윙 암(요동 암)

롤러 로커 암

VVPL은 요동 캠에 의한 로스트모션 기구를 사용한 연속 가변 밸브 리프트 기구에 「컨트롤 암」을 추가하고 리프트 양의 변경을 위해 작동에 따른 컨트롤 암의 위치변화에 의하여 위상을 변화시키며, 밸브의 개폐 타이밍까지도 가변화하는 기구이다. 기구 전체를 심플하면서 콤팩트하게 수납하기 때문에 구성 부품도 이 정도(스윙 암과 롤러 로커 암은 실린더 당 2개씩 사용)로 담고 있다. 컨트롤 암의 접촉면 형상을 바꿔줌으로써 좌우의 밸브 리프트 특성을 바꾸는 것이 가능하다. 상세한 것은 밝히지 않았지만 극소 리프트 양의 조정기구도 갖추고 있다.

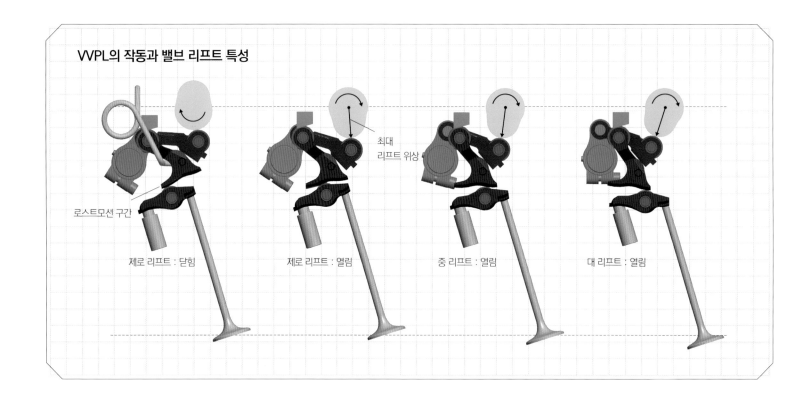

VVPL의 작동과 밸브 리프트 특성

로스트모션 구간

제로 리프트 : 닫힘

제로 리프트 : 열림

최대 리프트 위상

중 리프트 : 열림

대 리프트 : 열림

● 캠 프로필 설계

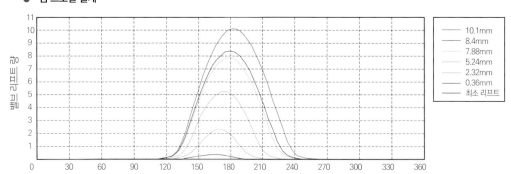

밸브 리프트 양(리프트 높이)

캠 각도

- 10.1mm
- 8.4mm
- 7.88mm
- 5.24mm
- 2.32mm
- 0.36mm
- 최소 리프트

위 그림은 가장 좌측이 제로 리프트 상태이며, 우측의 2점은 리프트 양이 변화하고 있다. 컨트롤 샤프트의 회전에 따라 컨트롤 암과 회전 캠의 위치관계가 변화하고 접촉시기가 변화한다. 적은 열림 각일수록 타이밍이 빨라지는 구조를 취하고 있는 것이 포인트이다. 동시에 요동 캠의 로스트모션 회전각에 맞추어 리프트 양이 연속 가변된다.

앞으로 점점 강화되는 연비 및 배기가스 기준에 대응하면서 출력의 성능을 확보하려면 가변 밸브 기구의 중요성은 높아간다. 전 세계의 자동차 메이커나 연구기관이 보다 심플하면서 효율이 높은 연속 가변 밸브 기구의 개발에 주력하고 있다. 그 일례로 오기노 공업이 개발을 진행하고 있는 OGINO-Vatriable Valve Phase Lift (가칭·이하는 「VVPL」이라고 약어를 사용한다)를 소개한다.

개발은 우선 기존의 연속 가변 밸브 기구를 조사하는 것으로부터 시작되었다. 각각의 기구가 갖는 기능과 구조를 철저하게 분석하고 각 기구가 무엇을 목적으로 하고 실현을 위하여 어떠한 방법을 사용하고 있는지를 밝혀낸다. 이 작업을 통하여 각 기구의 이점과 어려운 점을 정리한 후에 신규 설계품의 「아이디어 발상」과 「구상안」 만들기에 착수한다.

VVPL의 메인 타겟은 출력 추구형의 고성능 엔진이 아니라 연비성능이나 제조비용까지도 중시하는 일반 시판 차량용 엔진으로 하였다. 그래서 밸브 구동에는 작금의 이론

대로 롤러 로커 암을 사용하는 것이 유리한 대책이다. 그리고 밸브 협각이 조금 작아지는 것을 염두에 두고 기구 전체를 급적 콤팩트하게 하고자 하였다.

그 위에 실현해야 할 기능을 「리프트(동시에 열림 각도 함께)」와 「위상」의 동시변화로 설정한다. 밸브 타이밍과 밸브 리프트 양의 연속 가변을 하나의 기구로 실현할 수 있다면 저가격대 모델에서의 채용 촉진도 기대할 수 있다. 이들의 기능을 실현하는 수단으로서는 요동 캠에 의한 로스트모션 방식을 선택하였다. 그리고 밸브 리프트 양은 0mm~10mm로 설정한다. 즉 기통 휴지(休止)에서의 대응도 가능하게 하고 있는 점이 특징이다.

콘셉트와 기능의 요구가 명확하게 된 후 구체적인 구조의 검토에 들어간다. 리프트 양과 타이밍의 양쪽을 연속 가변화하기 위해서는 요동 캠을 작동시킬 기구와 더불어 회전 캠으로부터 작용시기를 가변화하는 그 어떤 구조가 필요하게 된다. VVPL에서는 「컨트롤 암」이라고 부르는 특징적인 기구의 채용에 의하여 양쪽의 동시 연속 가변화를 실현시키고 있다.

컨트롤 샤프트가 회전하면 컨트롤 암이 이동하여 요동 암의 반달형상의 접점과 회전 캠의 거리가 변화하여 요동 캠의 로스트모션 구간의 변화와 리프트 양이 연속적으로 변화한다. 더 나아가서는 이 작동에 따라서 컨트롤 암과 회전 캠의 접촉 위치(각도)가 변화하는 것에 의해 위상도 변화되면서 타이밍 가변화를 실현시키고 있는 것이다.

VVPL의 설계 작업은 시뮬레이션과 병행하여 실행되었고 성능면이나 내구성, 신뢰성 등의 면에서 당초의 목표를 달성할 수 있다는 평가에 도달함에 따라 시작품의 제작으로 진행된 단계이다. 이제부터 이루어지는 실제 기구의 검증에서 시뮬레이션 대로 성능이 확인되어진다면 수년 후에는 (자동차 메이커의 명명에 의한 새로운 기구 이름을 얻게 될 수도?) 우리들의 눈앞에 등장할 것이다. 그 날을 기대하면서 앞으로의 개발이 순조롭게 진척되기를 기대해 본다.

▶ INTERVIEW

오기노 공업주식회사 대표이사 사장 : 오기노 타케오(荻野武男)

자신의 의사로 가격 결정이 가능한 제품을 만드는 그러한 기업을 지향 하고 싶다

오기노 공업은 1957년(昭和 32년)에 설립되었다.
엔진, 브레이크, 변속기 등에 사용하는 자동차 부품이 주력 사업이다.
그 중에서도 밸브 계통의 부품은 가장 「자신 있어 하는」 부품이다.
현재 이 회사는 새로운 가변 밸브 시스템의 자주 개발을 진행하고 있다.

글/사진 : 미기노 시게오(牧野茂雄)

오기노 공업을 방문하여 개발 중인 가변 밸브 기구를 잘 보았다. 이미 전 세계에는 각양각색의 방식이 존재하지만 이 회사는 밸브 개폐 타이밍과 리프트 양의 양쪽 모두를 가변으로 한 오리지널·시스템의 개발을 진행하고 있다. 라이벌이 많은 이 분야에서 왜 자사가 개발을 하면서까지 계속 개발을 해 나가는 것일까? 우선 이것이 알고 싶었다.

「Mazda 일을 시작하며 반세기가 흘렀다. 한 때는 롤러 로커 암의 전량을 우리 회사가 맡고 있었다. 그러나 엔진이 밸브 직동식으로 변화되었을 때 일의 전부를 잃었다. 엔진의 부품 중에서도 밸브 주변의 기기는 변화가 심한 부분이다. 엔진 성능의 기본은 실린더 헤드부분으로 결정된다고 말해도 좋을 것이다. 과거에도 우리는 롤러 로커 암에 대해서 여러 가지 개량을 실시하고 그것을 제품에 반영시켜 왔다. 그러나 서플라이어는 가격의 결정권이 없다. 자신의 의지와는 관계없이 비용이나 생산량의 요구를 들이댄다. 자주독립이야말로 서플라이어의 꿈이다. 그러므로 꿈을 실현할 수 있는 제품을 만들어내고 싶은 것이다.」

확실히 가변 밸브 시스템이라면 공급회사를 쉽사리 변경할 수 없다. 어느 자동차 메이커에 대해서도 어필할 수 있다. 그래도 서플라이어로서 제품을 공급하면서 그 이익에서 개발비를 염출하고 자주 독립을 위한 신제품을 만드는 것은 결코 쉬운 것은 아니다.

「밸브 계통은 창업 당시부터 관계하고 있는 부품이므로 나 자신으로서도 자랑거리가 있다. 소위 오기노공업의 뿌리이고 그 「내력」에서 벗어날 수 없다. 동시에 더 이상 저비용만으로 신뢰성이 높은 부품을 공급하는 것만으로는 재미가 없지 않을까? 할 수 있을까 없을까를 떠나서 꿈을 갖고 싶다. 다행히 제조부문에서 확실하게 일을 하고 있으므로 어떻게든 개발비를 염출할 수가 있다. 개발 단계에서는 전혀 이익이 되지 않기 때문에 제품화하여, 세상에 인정받지 않으면 의미가 없다. 세상에서 인정해 주는 제품을 개발하는 것이 개발부문의 사명이다. 인정을 받으면 이익

을 창출하는 것도 가능하다」

왜 자주 개발을 하는 것일까? 라는 화제가 되니 오기노 사장의 말에는 힘이 담긴다. 예전에 롤러 로커 암의 수주가 끊어졌다고 하는 의미에서는 자주 개발의 밸브 기구야말로 비원일 것이다. 오기노 사장은 「원념 일지도 모르겠다.」라고 말한다.

「예전에 폐사는 롤러 로커 암을 한 달에 150만개까지 생산 했었지만 다른 방식에 패배하고 만 것이다. 그것을 만회하는데 10년 이상이 걸렸다. 지금 개발부문에서는 롤러 로커 암의 개량을 진행하고 있다. 작은 부품이지만 타사 제품에 뒤지지 않는 물건을 개발하는 것은 큰일이다.」

오기노 공업이 롤러 로커 암의 개발 현장에 도입한 것은 GVE(Group Value Engineering)이다. 롤러 로커 암 자체에는 가변 밸브 기구와 같은 화려함은 없지만 라이벌은 많다. 어쩌면 독일의 대기업인 Schaeffler Group은 월 생산 2500만개 이상의 양산 규모일 것이다. 한 달 생산량이 400만개 이상을 내제하는 자동차 메이커도 있다고 듣고 있다. 대량 생산은 가격에서의 경쟁력을 낳는다. 그것을 이겨내고 게다가 기능면에서도 한발 앞서나가는 것은 보통 일이 아니다. 그러므로 GVE적 방법을 중시하였다.

「우선은 개발 멤버 전원이 롤러 로커 암의 기능을 정확하게 이해하고 그 지식을 바탕으로 라이벌 제품을 이해하는 작업부터 시작하였다. 동시에 특허에 대한 조사를 하였으며, 일본에서만 우리가 개발 타겟으로 삼은 롤러 로커 암의 특허가 약 500건이나 된다. 이 특허의 수로만 생각해봐도 얼마나 롤러 로커 암이 엔진의 성능에 기여하는 부품인지 알 수 있겠지요. 구조·형상만이 아니라 제조방법도 특허로 되고 있다. 이 특허들에 저촉 되지 않도록 우리 팀은 머리를 짜내고 있다. 제품의 가치는 최대의 기능·성능을 최소의 비용으로 실현하는 것이다.」

GVE 중에서 기회 손실의 요소를 철저하게 밝혀냈다. 모르는 사이에 비즈니스 찬스를 잃어버리게 하는 부분을 「놓

치지 않는 것」이다. 비용을 줄이기 위하여 부재의 두께 등은 줄일 수 있는 데까지 공격적으로 하고 프레스 공정은 전문 메이커와 공동으로 개량하였다. 새로운 롤러 로커 암은 오기노 공업이 자신 있게 만든 제품이다.

「그만저만한 성능의 엔진을 싸게 제조할 뿐이라면 이제는 중국에서도 가능하다. 일본제품은 차별화하지 않으면 안된다. 차별화에는 독자성이 불가결하며, 롤러 로커 암은 제품 가격의 시세가 매우 혹독한 분야이지만 타사에게는 지고 싶지 않다. 폐사는 필리핀과 베트남에 현지법인을 설립하고 있지만 일본의 생산은 중단할 수가 없다. 일본에서의 생산과 이익을 유지하기 위해서는 적극적으로 일을 취하지 않으면 안 된다.」

일본이 아니고는 할 수 없는 제품으로서 개발이 지속되고 있는 것이 가변 밸브시스템이다. 오기노 사장은「연비와 주행의 양립」을 역설한다.「연비가 좋은 것만으로는 소용이 없다」고.

「가변 밸브 시스템은 연료소비가 좋은 영역을 와이드 레인지로 하는 방법을 목표로 하고 있다. 전자제어나 전동의 세계가 아니고 메커니즘으로 이것을 하고 싶다. 솔직히 말해서 메커니즘의 신상품은 어렵다. 자동차의 디퍼렌셜 기어로 하여도 그 기구는 변하지 않는다. 정말로 좋은 메커니즘은 100년에 한 번밖에 실현하지 못할 지도 모르겠다. 그러나 그렇기 때문에 도전해보고 싶은 것이다.」

오기노 사장에게 「경영이란 무엇인가」를 물어보았다. 대답은 「사람·물건·돈의 균형을 잡는 것」이었다. 매일 매일의 일에서 확실하게 이익을 올린다. 사람을 소중하게 여긴다. 그러나 목표한 바에는 대담하게 도전한다. 이것이 정통적이다.

Swing Cam Follower

Honda

i- VTEC

2000~ ▶ Type L, R, K, J and N engines

핀에 의한 복수 캠의 적절한 사용으로 리프트 양을 변화시킨다.

글 : 타카하시 잇페이(高僑一平)　Figures : Honda

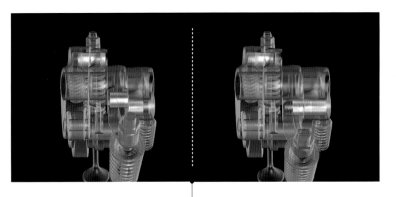

Civic 하이브리드의 기통 휴지 시스템에 사용되는 로커 암의 연결 기구이다. 시스템의 작동에 의해 전체 기통 밸브의 동작을 정지하는 것으로 보통의 상태에서는 스프링에 의하여 핀의 위치를 연결 상태로 유지하고 작동 유압이 공급되었을 때만 연결이 해제된다. 왼쪽 그림이 핀 부분에 작동 유압이 공급된 상태이다. 로커 암의 동작은 밸브에 전달되지 않는다.

이쪽은 작동 유압이 공급되지 않은 상태이다. 핀은 내장된 스프링에 의하여 연결 위치에서 유지되고 있다. 이것들은 기통 휴지 시스템의 예이지만 두 개의 캠 프로필을 적절히 사용하는 타입에서는 이 예와는 반대로 작동 유압에 의하여 분할식의 로커 암을 연결한다. 여하튼 시스템 중요 핵심이 되는 유압 구동의 연결 핀 부분의 구조는 거의 같다.

분할식 로커로 캠을 선택

인접하는 두 개의 로커 암에 핀으로 연결 기구를 설치하는 것으로 각각이 담당하는 두 개의 캠을 선택하여 사용하는 2스텝 변환식 가변 리프트 기구이다. 초기의 상태(시스템 비작동 상태)에서는 큰 리프트 측의 캠을 담당하는 로커 암은 프리 상태가 되어 큰 리프트 측 캠의 작동이 밸브에 전달되지 않고 작은 리프트 측 캠에 의하여 밸브를 구동한다. 시스템이 작동되어 두 개의 로커 암이 연결되면 작은 리프트 측을 포함하여 로커 암 전체의 작동을 큰 리프트 측 캠이 지배한다. 큰 리프트 측 캠의 리프트 양은 모든 작용 각에서 작은 리프트 측 캠을 상회하도록(베이스서클 부분은 같은 직경) 설정되어 있으므로 로커 암이 연결되면 작은 리프트 측의 슬리퍼 부분은 캠으로부터 떠있는 상태가 된다. 작은 리프트 캠을 제로 리프트로 하고, 같은 연결 기구만을 사용한 기통 휴지 시스템이나 밸브 유지 시스템(1기통 당 2개의 흡기 밸브 중 1개를 휴지)도 베리에이션(variation)으로서 존재하고 있다.

● Professional's eye　|　Dr. HATAMURA

현재의 VTEC의 원형은 1983년에 이륜용 엔진을 2밸브 ⇔ 4밸브로 변환하는 기구로서 실용화된 REV라고 부르는 기구이다. 신뢰성의 요건이 엄격한 4륜에서는 무리라고 하는 많은 밸브 기구 전문가의 예상을 뒤엎고 1989년에 고출력의 흡배기 VTEC으로서 실용화된 후에 한쪽 밸브 정지에 의한 스월 생성 VTEC-E, 3스테이지 VTEC, 기통 휴지(가변 배기량, 하이브리드) VTEC, 밀러사이클 i-VTEC 등으로 발전하고 있다. 현재는

Honda의 4륜차 대부분이 VTEC을 장착하고 있고, 세계적으로도 크게 히트한 기술의 하나이다. 하나의 기술이 대성공을 하면 그 후의 기술 진보를 저해하는 경우가 많은데 연속 가변 리프트 기구의 도입지연(i-VTEC의 채용), 과급다운 사이징의 도입지연(가변 배기량의 채용), 클러치 없는 하이브리드의 채용(기통 휴지의 채용) 등을 생각해 보면 VTEC도 그 예에 빠져들고 있는 듯이 보이는 것은 유감스럽다

Swing Cam Follower

I-AVLS

2006~ ▶ EJ 25

좌우의 리프트 양을 변화시켜 스월을 생성한다.

글 : 타카하시 잇페이(高橋一平) Figures : FHI

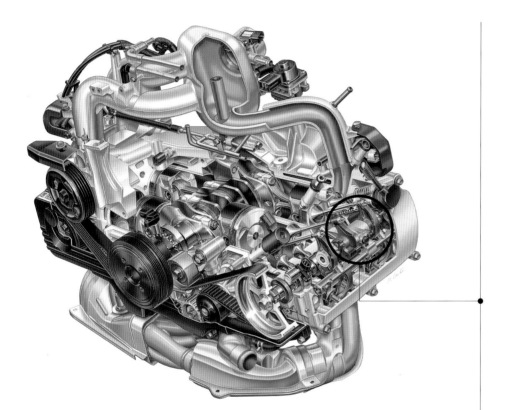

저속회전 영역에서 연소 상태의 향상에 주안점을 둔다.

2개의 흡기 밸브 중 한쪽에만 가변 리프트 기구를 장착하여 저속회전 영역에서 2개의 밸브 열림 시기와 리프트 양에 차이를 두어 스월을 적극적으로 발생시킴으로써 연소 상태의 향상을 꾀하는 시스템이다. 가변 리프트 기구는 캠 샤프트에 조각된 큰 리프트 측, 작은 리프트 측, 두 개의 캠을 연결과 분리가 가능한 2개의 로커 암에 의하여 구분해서 사용하는 것이다. 흥미로운 것은 핀에 의한 연결부를 갖는 두 개의 로커 암 안에는 핀을 작동시키기 위한 유압통로가 설치되어 있지 않고 이들의 로커 암에 인접하는 로커 샤프트 홀더에서 밀어내는 푸시로드가 외부로부터 핀을 밀어 넣음으로써 연결이 된다는 점이다. 작동 유압은 가동부분을 통과하지 않고 다이렉트로 이끌려지기 때문에 가변 시스템에 관여하는 오일 누설(leak)량은 최소한으로 억제된다. 또한 가변 기구가 장착되는 측의 밸브는 기본적으로 작은 리프트 측의 캠에 추종하는 구조로 되어있어 시스템의 작동 시에만 큰 리프트 측의 캠으로 구동된다.

AVLS AT LOW ENGINE SPEEDS

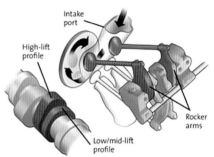

저속회전 시에는 청색으로 표시된 밸브의 리프트가 최소한으로 되기 때문에 혼합기의 흐름은 적색으로 표시된 밸브 측에 집중되면서 연소실 내에 스월을 형성한다. 다시 말하면 이 상태에서는 큰 리프트 측 캠을 담당하는 로커 암과 작은 리프트 측의 로커 암은 분리되어 있지만 큰 리프트 측의 로커 암은 로스트모션 스프링에 따라 캠의 형상에 추종하는 형태로 움직이고 있다.

AVLS AT HIGH ENGINE SPEEDS

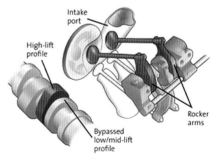

시스템의 작동 회전수에 관해 로커 암 샤프트 홀더에서 밀어내는 푸시로드에 의하여 접속용 핀이 밀어 넣어지고 큰 리프트 측의 캠을 담당하는 로커 암이 연결되면 작은 리프트 측의 슬리퍼 부분이 부상하며(리프트 양이 제로인 베이스 서클 부분에서는 접촉), 큰 리프트 측 캠으로 밸브가 구동된다. 여기에서 가까스로 2개의 흡기밸브의 움직임이 동조한다.

● Professional's eye │ Dr. HATAMURA

Subaru의 I-AVLS는 VTEC과 마찬가지로 로커 암의 작동에 핀을 사용하여 변환하는 기구이다. SOHC에 적용하여 저속 시에 스월을 생성하는 것은 MVTE-E와 매우 비슷하다. 행정 내경비가 0.80이 되는 99.5mm라는 큰 내경의 연소개선을 위하여 2.5리터의 4기통 SOHC 엔진에 채용된 것으로 제2세대의 수평대향 엔진은 큰 내경에 의한 연소의 악화를 여러 가지 연구로 해결하고 있다. 내경이 94mm로 된 제3세대에서는 장행정화로 큰 폭으로 연소의 개선을 달성하고 있다. 그 결과 밸브 기구는 DOHC에서 AVCS라고 부르는 흡기 VVT를 채용하고 i-AVLS는 폐지하였다.

Subaru에서는 이 외에도 Porsche의 바리오 캠(Vario Cam)과 같은 기구를 탑재한 엔진도 있다. 여러 가지 기구를 경험하면서 장행정화를 단행하고 표준적인 VVT로 수렴했을 것이다. 다음 차례는 밸브트로닉과 같은 연속가변 리프트일 것인가?

Switchable Tapet

VarioCam Plus

1999~ ▶ Flat-6, V8 engines

VVT+직동식으로 캠의 변환을 실현한 시스템

글 : 타카하시 잇페이(高橋一平) Figures : Porsche

작은 리프트

큰 리프트

중앙 부분에만 밸브 스템에 다이렉트로 설치되어 있는 이중 구조의 스위처블 태핏(Switchable tappet)이다. 내부에 설치된 스프링은 로크 기구 비작동 시에 큰 리프트 측 캠의 동작을 흡수하기 위한 것이다. 태핏 머리 부분은 곡면으로 되어있고 로크 기구를 효율적으로 내포하며, 동시에 보다 높은 밸브 리프트를 실현하고 있다.

가장 심플한 가변 리프트 기구

유압 기구를 사용하는 가변 밸브 타이밍 기구「바리오 캠(Vario Cam)」을 1990년대 초부터 채용하고 있는 Porsche. 그 바리오 캠에 2스텝식 가변 밸브 리프트 기구를 추가한 것이 바리오 캠 플러스(Vario Cam Plus)이다. 유압에 의하여 구동되는 로크 핀 기구에 의해 연결과 분할이 가능한 이중 구조(중앙부분과 외주부분을 동심원 형상으로 분할)인 '스위처블 태핏'에 의하여 두 종류의 캠 프로필을 구분하여 사용한다. 로크 핀 기구가 작동하지 않을 때에는 큰 리프트 측의 캠이 접촉하는 태핏 외주부분은 프리의 상태가 되고 태핏 중앙부분이 접촉하는 작은 리프트 측 캠으로 밸브를 구동한다. 로크 기구부분에 작동유압(제어 유압)이 공급되면 로크 핀에 의하여 태핏의 외주부분과 중앙부분이 연결되어 큰 리프트 측 캠의 동작이 밸브로 전달되도록 되어있다. 가변 밸브 리프트에 관계있는 주요부분의 대부분을 직동식 태핏 내부에 넣는 매우 심플한 구조가 특징이다.

● Professional's eye | Dr. HATAMURA

고속회전 고출력의 Porsche 엔진에 적용하기 위하여 개발된 직동식 DOHC용의 캠 변환방식의 가변 밸브 기구가 바리오 캠 플러스이다. 로커 암 용의 VTEC을 직동식으로 바꾸었다고 말하면 이해하기 쉬울 것이다. 종래의 바리오 캠(VVT)에 이 기구를 추가한 것이므로 플러스라고 한다. 2개 캠의 변환과 위상 가변을 사용하여 고속회전 고출력과 부분부하의 연비(빨리 닫히는 밀러사이클)를 양립시키고 있다. 스위처블 태핏이라고 하는 부품은 INA(현ㆍSchaeffler)제품으로 대부분의 Porsche차에 탑재되고 있다.

Subaru에서는 Porsche의 바리오 캠 플러스와 같은 INA 스위처블 태핏 기구를 3.0리터 수평대향 6기통 엔진에 장착하고 AVLS라고 부르던 시기가 있었다. 기구의 효과에 더해 Porsche와 같다고 하는 점도 채용가치가 있었을 것이다.

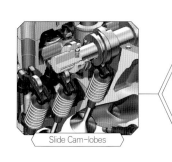

Slide Cam-lobes

Audi

AVS

2008~ ▶ 2.0 TFSI, 2.8/3.2 FSI

Nested structure의 캠 샤프트를 슬라이드시켜 변환한다.

글 : 타카하시 잇페이(高橋一平) Figures : FHI

큰 리프트

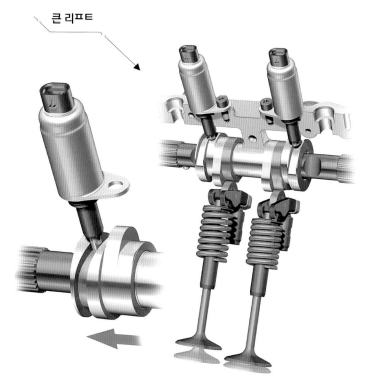

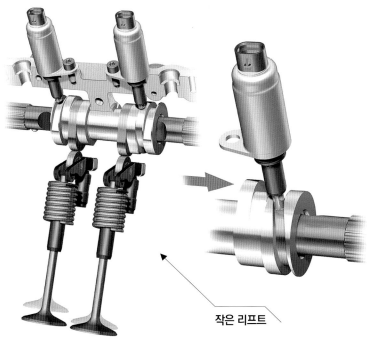

작은 리프트

변환 동작에 캠의 회전운동을 교묘하게 이용

캠 부분과 샤프트 부분을 별개의 구조로 하고 슬라이드 동작에 따라 다른 리프트 양과 프로필을 갖는 두 개의 캠을 구분하여 사용 하는 "그림속의 떡" 같이 알기 쉬운 구조이지만 주목해야 하는 것은 변환 동작에 캠 샤프트의 회전운동을 이용하고 있다는 점이다. 변환용으로 마련된 나선형상의 홈에 핀을 넣어 캠 부분이 슬라이드하면서 인접하는 옆의 캠으로 교체되는 것이다. 변환용 핀이 홈에 넣어지면 그 후로는 캠 샤프트의 회전에 따라서 홈이 캠 부분을 이끌어 주기 때문에 커다란 힘은 필요치 않게 된다(핀은 전자식의 솔레노이드에 의해 구동된다). 변환용 홈은 원 웨이 즉 일방통행으로 옆의 캠 돌기에서 원래로 되돌아올 때에는 별도로 마련된 홈과 솔레노이드를 이용하는 점도 독자적인 특징 중의 하나이다. 인접하는 두 개의 캠은 베이스 서클 부분이 단차가 없는 동일면상으로 완성되며, 변환 시에는 롤러 follower가 이 부분을 옆으로 미끄러지는 형태로 이동한다.

VW CSO(Cylinder Shut-Off)

이것은 Volkswagen이 발표한 1.4리터 TSI 엔진의 기통 휴지 시스템에 이용되는 밸브 트레인이다. 캠 하나를 리프트 량이 제로인 프로필로 하여 AVS를 밸브 휴지 기구로서 이용하고 있다. 작동용 나선 홈은 한쪽에 2개씩 정렬된 형태로 배치되어 있으며, 각각의 홈을 담당하는 2개의 핀은 하나의 솔레노이드에 의해 구동된다.

● Professional´s eye | Dr. HATAMURA

VTEC과 같은 캠 변환기구이지만 로커 암의 단속이 아닌 캠의 홈을 축방향으로 움직여서 변환하는 점이 특징이다. 로커 암 샤프트가 불필요하고 표준적인 HLA(Hydraulic Lash Adjuster)를 채용한 밸브 기구에 용이하게 적용할 수 있다. 그리고 변환 제어에는 유압이 아니라 솔레노이드의 작동을 직접 이용하기 때문에 오일 온도의 영향을 받지 않고, 난기 시동 중에도 사용할 수 있는 것이 강점이다. 당초에는 타사와 마찬가지로 NA엔진의 흡기 밸브에 적용되었지만 최근에는 터보 과급 엔진의 배기 밸브에 적용하고 4기통 엔진의 가변 배기량(기통 휴지)

에도 사용되고 있다. VW 그룹도 연속 가변 리프트 기구의 엔진을 생산하려 생각하고 있었지만 가변 배기량으로 방향을 잡았기 때문에 당분간은 논스로틀 엔진은 보류되었을 것이다.

한편, 이 기구에서는 캠의 변환시기가 기통 별·사이클 마다 가능하게 되므로 장래에 HCCI로의 적용 등 가능성을 기다리고 있는 것도 마음 든든하다.

Hydrauric Pump Adjust

MultiAir

2009~ ▶ TwinAir, 1.2 MultiAir, 1.4 MultiAir

세계 유일 · 유압 기구에 의한 가변 밸브기구

글 : 마키노 시게오(牧野茂雄) Figures : Fiat/MFi

굳이 유압을 사용한 FPT

노멀 오픈(Normal Open)형의 솔레노이드 밸브를 유압으로 작동시켜 그 힘으로 밸브를 밀어내리는 유압 기구를 사용하는 멀티 에어는 독일 Schaeffler Group이 개발한「유니 에어」시스템이 베이스이다. 원래 유니 에어의 개발에 Fiat 중앙연구소가 협력하고 실용화된 최초의 고객이 FPT(Fiat Powertrain Technologies)였다는 것도 납득이 간다. 좌측의 일러스트는 초대 멀티 에어의 구성이며, 각각의 디바이스도 Schaeffler Group이 가장 자신 있게 생각하는 것들로만 이루어졌다. 캠 샤프트는 배기측에만 있으며, 이것이 회전하면 좌측의 일러스트에 그린 청색의 캠 부분이 펌프 유닛을 밀고 흡기 밸브를 1회 작동시킬 만큼의 유압을 발생시킨다. 이 유압은 고압의 체임버로 공급되고 그와 같은 축 위에 있는 솔레노이드 밸브에 의해 토출되며, 밸브를 밀어 내린다. 사용하고 남은 유압은 다시 솔레노이드 밸브로 되돌아가 어큐뮬레이터에 보관이 된다.

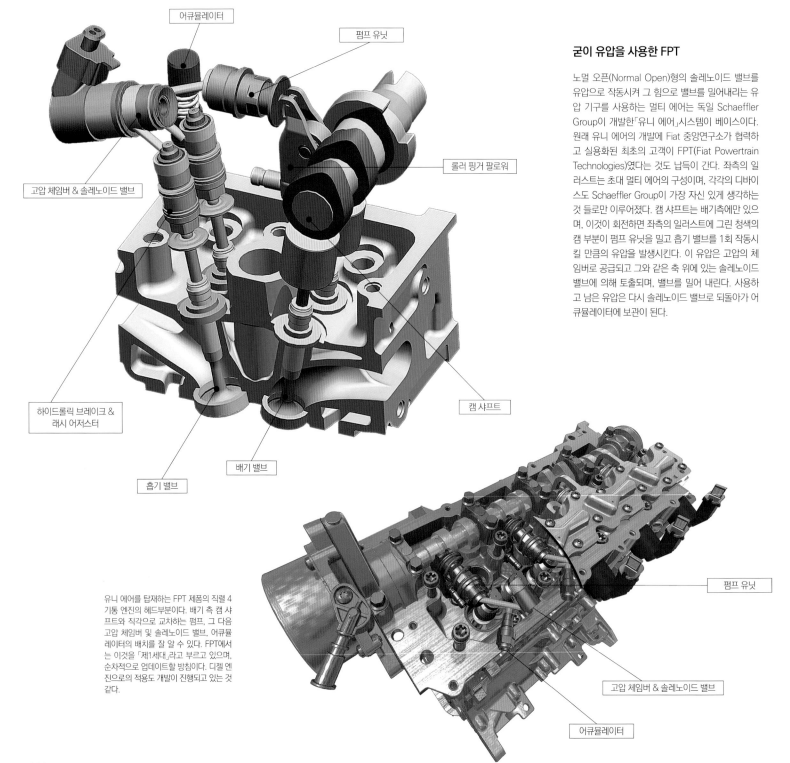

어큐뮬레이터

펌프 유닛

고압 체임버 & 솔레노이드 밸브

롤러 핑거 팔로워

하이드롤릭 브레이크 & 래시 어저스터

캠 샤프트

흡기 밸브

배기 밸브

유니 에어를 탑재하는 FPT 제품의 직렬 4기통 엔진의 헤드부분이다. 배기 측 캠 샤프트와 직각으로 교차하는 펌프, 그 다음 고압 체임버 및 솔레노이드 밸브, 어큐뮬레이터의 배치를 잘 알 수 있다. FPT에서는 이것을「제1세대」라고 부르고 있으며, 순차적으로 업데이트할 방침이다. 디젤 엔진으로의 적용도 개발이 진행되고 있는 것 같다.

펌프 유닛

고압 체임버 & 솔레노이드 밸브

어큐뮬레이터

유압식의 장점

유압식의 장점은 밸브 타이밍과 리프트 양의 제어가 기계 기구의 제약을 받지 않는 것이다. 시판용 멀티 에어가 등장하기 전에 Schaeffler Group에서 유니 에어에 대하여 취재하였을 때 가변의 자유도가 높은 것과 장래의 시스템 발전을 상정하고 있다는 것을 들었다. 우측의 일러스트에 그려진 적색의 포물선은 밸브의 개폐 타이밍과 리프트 양을 얼마만큼 바꿀 수 있을 것인가에 대한 FPT의 demonstration이다. 그러나 현 시점에서는 「두 번 열림」의 제어는 하지 않는다고 FPT는 말한다. 앞으로는 2개가 설치되어 있는 흡기 밸브를 각각 독립하여 제어하는 방식이나 흡기 측을 보통의 캠 샤프트로써 디젤엔진의 압축비를 낮추는 방법, 흡배기 2밸브로의 전개 등 여러 가지 옵션이 있다. 현 시점에서의 멀티 에어는 4기통이나 2기통 모두 드라이버빌리티에 중점을 둔 제어이며, 연비는 「잠시 눈을 감고 있다」고 말한다. 확실히 미세한 액셀러레이터 페달의 컨트롤에서 주송성이 높고 상냥히 판능직이다.

멀티 에어의 동작

① 롤러 핑거 팔로워의 왕복운동에 의하여 오일펌프가 작용

② 작동 오일이 유로를 통하여 고압 체임버로 공급된다.

③ 고압 체임버 내의 오일은 같은 축에 배치된 솔레노이드 밸브에 의하여 토출되고

④ 하이드롤릭 브레이크 & 래시 어저스터를 동작시켜서 밸브를 밀어 내린다.

Schaeffler Group이 공급하는 디바이스는 펌프 유닛, 솔레노이드 밸브, 래시 어저스터를 조립한 브레이크 유닛, 어큐뮬레이터, 온도 센서이다. 배기 측 캠으로부터 동력을 받아 기계의 동작으로 작동하는 펌프는 단순한 구조이다. 오히려 반대 측의 핑거 팔로워(Finger Follower) 끝에 있는 유압 래시 어저스터가 중요하다. 전자 솔레노이드는 일반적인 Normal Open식이다. 밸브 작동의 Variation을 만드는 것은 하이드롤릭 브레이크 & 래시 어저스터이고 특히 브레이크 성능이 중요하다고 들었다. 좌측의 사진에는 나와 있지 않지만 펌프 유닛마다 어큐뮬레이터가 있어 밸브의 작동마다 유압을 모두 소비하는 것이 아니라 일부는 회수된다고 FPT는 말한다. 이것은 사견이지만 완전히 같은 엔진을 보통 2개의 캠 샤프트로 만들어보지 않으면 유압식의 에너지 손실을 논할 수는 없을 것이다. 손실이 있다고 해도 그것을 보충하는 「무엇인가」가 있으면 된다.

● **Professional´s eye** | Dr. HATAMURA

Honda가 1990년대 초기에 개발하여 논문을 발표한 제어 자유도가 높은 유압 구동의 가변 밸브 기구와 거의 같은 기구이다. 유압 피스톤이나 제어 밸브 등 정밀부품이 많지만 양산 시스템으로서 SOHC에 조합되어 부품의 수, 비용 등이 크게 개선되었기 때문에 양산 규모가 커지면 비용의 경합력을 갖게 될지도 모르겠다. 그리고 유압을 사용함으로 인해 오일의 온도 변화나 오일의 열화에 의한 오일 점도의 영향을 받기 때문에 오일 온도의 계측이나 학습 제어를 사용하여 다양한 환경조건이나 장기간 오래 견딘 후에도 정확한 밸브 리프트의 제어를 실현하고 있다.

메커니즘 가변 기구의 경우는 밸브 리프트 시에 밸브 스프링의 압축으로서 비축된 에너지는 리프트가 내려갈 때에 캠 샤프트의 구동 에너지로서 회수되지만 Honda가 논문에서 나타내고 있는 것처럼 이 기구에서는 회수해야 하는 에너지가 유압의 개방에 의하여 소비되어 캠의 기계적인 손실이 증가하기 때문에 연비의 향상에 불리하게 된다는 것이다.

엔진의 실린더 헤드 주변을 구성하는 요소는 우선 밸브 구동계통(밸브 계통)과 흡/배기 밸브이다. 밸브의 헤드 부분은 피스톤 헤드와 함께 연소실의 일부가 된다. 그리고 연료의 공급계통이 있다. 연소실 내로 직접분사 또는 흡기 포트 내에 분사 혹은 양쪽이 모두 배치되기도 한다. 수냉식 엔진의 경우는 냉각수의 통로가 연소실 주변에도 설치된다. 가솔린 엔진의 경우는 점화 플러그 및 점화 코일 등이 설치된다.

……라고 하는, 자동차 엔진의 실린더 헤드 주변에는 여러 가지 부품이 배치되어 있지만 연료와 공기를 혼합하여 순간적으로 연소시켜 그 압력을 피스톤 헤드에서 받아냄으로써 「힘이 있는 회전운동」을 하는 구조는 가솔린 엔진을 사용하는 자동차가 탄생한 이래 현재까지 변함이 없다. 그러나 자동차의 연비는 현저히 좋아 졌다. 무엇이 변화된 것일까?

치바 대학의 모리가와 코지 특인(特認)교수를 방문하였다. 산학 제휴·지적 재산 기구라는 섹션이다. 「산학 제휴」라는 일

「연소 설계라는 표현을 사용하게 되었다. 공기를 얼마만큼 연소실로 흡입하고 어떻게 연소시킬까? NA(자연 흡기) 엔진과 과급 엔진에서는 연소시키는 방법이 조금 다르지만 최근에는 연소 프로세스 자체를 치밀하게 설계하려고 하는 방향이다. 특히 21세기에 들어와서는 연비에 대한 요구가 매우 높아져서 연소 설계를 하지 않으면 요구를 충족시킬 수 없게 되었다.」

이러한 이야기는 여기저기에서 듣는다. 10년 전만 해도 알지 못했던 연소의 메커니즘이 점점 해명되고 연료를 정확히 연소시키기 위해서는 어떻게 하면 좋을지 방향이 점점 보여 진다. 엔진 설계의 순서나 방식은 자동차 메이커마다 다르지만 목표로 하는 방향 중의 하나는 연비의 절약이다.

「엔진의 총배기량과 출력의 특성이 결정되면 대체로 내경 : 행정의 비율이 결정된다. 내가 종사했던 EJ형의 시절에는 출력 중시였다. 밸브 배치는 몇 가지인가 검토했지만 흡/배기 2

해서 연소 속도 자체는 조금 늦었다. 현재의 연소 설계는 매우 치밀하고 혼합기를 신속하게 연소시키는 것이 가능하다. 동시에 연소를 개선하기 위한 기술이 다양하게 등장하고 DOHC 4밸브 이외에도 선택지가 있다. 예를 들면 VW(Volkswagen)은 2밸브의 과급 직접분사 엔진을 등장시켰는데 2밸브라는 선택은 결코 「퇴화」는 아니다. 21세기의 엔진은 흡배기 2밸브라는 선택지도 있을 수 있다.」

VW는 엔진의 중량을 줄이고 싶어 했다고 들었다. 배기량을 1200cc로 억제하고 나머지는 과급 즉, 흡기량으로 출력·토크를 얻는다. 배기량이라는 가치관을 과거의 것으로 제쳐놓았다.

「현재의 엔진 설계에서는 내경:행정의 비를 결정할 때에도 단기통의 실험 엔진에서 연소 해석을 철저하게 실시한다. 세계적인 경향은 장행정이지만 어느 정도의 장행정으로 할지는 수치의 뒷받침이 필요하다. 당연히 엔진의 경량화라는 요구도

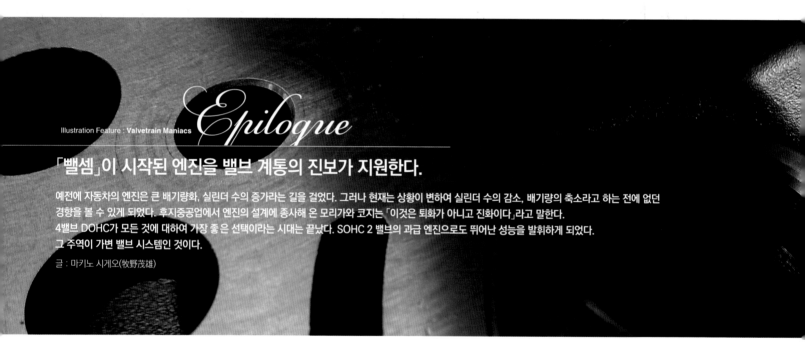

Illustration Feature : Valvetrain Maniacs

Epilogue

「밸셈」이 시작된 엔진을 밸브 계통의 진보가 지원한다.

예전에 자동차의 엔진은 큰 배기량화, 실린더 수의 증가라는 길을 걸었다. 그러나 현재는 상황이 변하여 실린더 수의 감소, 배기량의 축소라고 하는 전에 없던 경향을 볼 수 있게 되었다. 후지중공업에서 엔진의 설계에 종사해 온 모리가와 코지는 「이것은 퇴화가 아니고 진화이다」라고 말한다.
4밸브 DOHC가 모든 것에 대하여 가장 좋은 선택이라는 시대는 끝났다. SOHC 2 밸브의 과급 엔진으로도 뛰어난 성능을 발휘하게 되었다.
그 주역이 가변 밸브 시스템인 것이다.

글 : 마키노 시게오(牧野茂雄)

본어보다는 Academic Industrial Collaboration이라는 영어가 어쩐지 직감적으로 와 닿는다. 그렇다, 기업과 대학의 협업(Collaboration)이다. 모리가와는 후지중공업에서 엔진의 개발에 종사해 왔다. Subaru의 팬이라면 누구라도 알고 있는 EJ형과 새로운 FB형의 양 프로젝트에 관여하였다. 그러한 분이 학교에서 가르치고 학생이 모리가와의 체험을 아주 조금이라도 공유할 수 있다는 것은 대단히 의의가 있다고 생각한다. 대학과의 제휴를 「놀이」「휴식」 등의 말로 일축해 버리는 것은 안타깝기 이를 데 없다. 일본의 미래를 위해서는 산업계와 학교가 좀 더 가까워져야 한다. 모리가와도 그러한 뜻을 갖고 모교인 치바대학으로 돌아갔다.

그러면 본제로 들어가서 최근의 엔진이나 연소실 주변은 어떻게 설계되고 있는 것일까? 후지중공업의 기밀에 저촉되지 않는 범위에서 대답을 들었다.

개씩의 4밸브가 출력의 성능과 연비의 면에서 가장 뛰어나다는 결론이 나고 흡배기 밸브를 대향시키는 펜트 루프(Pent Roof)형의 연소실로 정착되었다. 세계적인 유행도 4밸브 & 펜트 루프였며, 4밸브가 아니면 원하는 출력의 성능을 얻을 수 없다. 4밸브가 필수였다. 누군가가 생각해보더라도 고성능 엔진은 흡배기 4밸브로 펜트 루프형 연소실이라는 시대였던 것이다.」

정말, GM조차도 4기통 DOHC 4밸브의 배기량이 적은 엔진을 시판화 하였다. 자동차 엔진의 계급제도가 일본보다 명확한 유럽에서도 DOHC 4밸브가 「당연한」 엔진이 되려고 하고 있다. 최초는 Toyota의 하이메카 트윈 캠 3S-FE이다. 밸브 협각이 작고 연소실도 콤팩트하다는 DOHC 4밸브인 것이다.

「지금 생각해보면 설계 당시의 EJ형은 현재의 엔진과 비교

있다. 그리고 플랫폼/모델 사이에서 엔진의 호환성이라는 점도 고려할 필요가 있다.」

Subaru의 새로운 엔진도 장행정으로 되었다. 수평대향 레이아웃의 엔진에서 장행정의 설계로 하면 엔진의 폭이 커지지만 그것은 여러 가지 고안으로 타개하였다.

「장행정화는 비용을 들이지 않고 연비를 좋게 하는 수단이다. 기하학적인 설계만으로 연비의 절약을 얻을 수 있다. 한편, 압축비와 연소실 형상의 결정이 그 다음 단계이다. 연소실의 설계도 내경:행정의 비에 좌우된다. 압축비도 마찬가지이다. 하사점에서 기구적인 압축비가 여기에서 결정되지만 그것만이 아니다.」

내경:행정 비의 결정은 자동차 메이커에 있어서 전략 사항이다. 한번 엔진 블록을 설계하면 장기간에 걸쳐서 사용된다. 성능의 업데이트는 대부분 실린더 헤드 측에서 실행되고 블

록의 사양은 고정되는 경우가 압도적으로 많다. 보어 피치를 포함하여 미래의 발전성을 고려하면서 그러나 최소한의 중량에 머물도록 블록은 설계된다. 그 기본 수치가 내경(bore) : 행정 비이다. 내경 : 행정 비와 보어 피치의 결정까지는 Open Architecture이며, 치수 결정 후에는 Closed Architecture가 되는 것이 엔진의 설계이다.

「그 다음은 밸브 배치의 결정이다. 흡배기 밸브의 수, 밸브의 협각이나 리프트 양, 캠 샤프트의 간격, 흡배기 포트의 형상. 연소 설계의 주요부분이지만 최근에는 여러 가지 디바이스를 사용할 수 있게 되어 선택지는 증가하였다.

VVT 기구의 가격이 적정수준으로 되어 흡기 측 VVT는 거의 표준징비가 되었다. 배기에도 VVT를 배치할 것인지, 밸브 리프트 가변까지 포함시킬 것인지. 이 부분은 출력, 연비, 코스트 등을 종합적으로 판단하여 결정한다.」

이 시점에서는 당연히 구매의 정책적인 요소도 얽혀진다. 어

리지 않더라도 시장은 받아들이게 되었다. 설계 측은 최고 회전수보다는 연비가 좋은 영역을 넓게 하는 와이드 레인지화에 중점을 두게 되었다. 회전의 상한이 내려가면 밸브 스프링의 탄성정수를 낮출 수가 있다.

「캠의 형상도 조금씩 변해왔다. 로커 암으로 레버 비에 의해 리프트 양을 거둘 수 있는 것과 동시에 롤러 follower를 사용하여 마찰손실도 저감할 수 있다. 현재의 주류는 소위 『비대한 캠』이다」

확실히 직동식 캠은 상대적으로 캠 높이가 높다. 그리고 보니 예전에는 엔진의 튜닝을 할 때 뾰족한 돌기의 하이 캠을 사용하였다. 리프트 양을 확보하기 위해서였지만 지금 생각해 보면 과연 리프트만을 변화시키는 것이 얼마만큼의 효과를 가져왔던 것일까? 소기의 효과는 어떠했을까? 당연히 하이 캠을 사용할 수 있다면 캠의 토크 변동이 커지고, 마찰손실 면에서는 마이너스였을 것이다………

진에 VVT를 설치하고 밸브의 오버랩에 의한 내부 EGR(배기가스재순환)을 도입하며, 더 나아가서는 외부 EGR도 병용한다. 외부 EGR은 스로틀에 의한 부압을 사용하면서 가스를 도입한다. 여기에 VVL을 배치하여도 펌핑 로스가 받을 몫은 크지 않다. 그러나 비용은 높아진다. 전자제어 스로틀과 VVT와 EGR의 3가지로 상당한 곳까지 공격할 수 있다. 포트 분사로도 상당한 레벨까지 갈 수가 있다. VVL을 추가하면 이론적으로는 자유자재의 흡배기 시스템에 비슷해지지만 과연 실효성은 어떠할까? 이것이나 저것이나 채워 넣는 것이 반드시 좋은 효과를 낳는다고는 할 수 없다.」

그러므로 더하기 일변도였던 엔진의 세계에 빼기가 들어오고, 과급 다운 사이징이나 다운 스피딩, 레스 실린더(Loess Cylinder)라는 발상이 생겼을 것이다. 다시 말하면 엔진의 단품으로는 자동차를 주행할 수 없기 때문에 변속기의 Coverage Ratio를 넓게 하는 수단도 있다. 우리는 기술의

모리가와 코지 특인(特認)교수 Engineer

치바대학 산학 제휴 · 지적 재산기구
자동차 기술계 Fellow/Fellow Engineer

National University Corporation Chiba University
Research Professor Koji MORIKAWA Ph.D.
Organization for Academic-Industrial Collaboration
and Intellectual Property

느 서플라이어로부터 디바이스를 구매할 것인지의 문제이다. 서플라이어로 부터의 판매 확장도 있을 수 있고, 엔진 · 스펙을 공개하여 서플라이어가 설계에 참여해 오는 단계이므로 디바이스 측의 진보에 기대할 수 있는 부분도 나온다.

「흡배기 밸브는 캠 기구와 포핏 밸브라는 구성을 사용하며, 가급적 직사각형에 가깝게 한 리프트가 자유자재로 밸브를 개폐시키고 연소실로서 완전한 가스의 밀폐성도 필요한 매우 어려운 부분이다. 밸브의 헤드부분은 연소실의 일부이기 때문에 냉각 손실을 억제하기 위하여 연소실 전체의 표면적은 작게 하고 싶은 욕구와 어디까지의 운전영역을 상정하고 출력의 성능과 연비를 어떻게 균형을 맞출까? 하는 이러한 부분이 지금의 연소 설계인 것이다. 도움이 되고 있는 점을 하나 든다면 이전과 같은 출력 지상주의가 아니라는 것이다」

다운 스피딩이다. 최고 회전수에 그렇게 지나치게 욕심을 부

「흡배기 포트의 설계는 중요하다. 실린더 헤드에서는 포트의 설계가 매우 중요하다. 3차원 시뮬레이션의 정밀도가 높아져서 상당한 곳까지 설계를 분명히 할 수 있도록 되었는데 예를 들어 직접분사로 하는 경우는 인젝터와 플러그의 위치 관계가 중요하고 텀블(tumble)과 스월(swirl)을 어떻게 생성되는지의 요소도 중요하다. 회전영역에 따른 연소의 최적화는 어떻게 할 것인가? 미래적으로 Spray Guided까지 눈여겨볼 것인가? 이러한 부분까지 포함하여 흡배기 포트의 형상은 결정된다.」

이것은 나의 추측이지만 밸브 주변의 설계에서 이율배반의 벽에 부딪쳤을 때 가변 밸브 기구가 의지되는 조력자의 역할을 완수하는 것은 아닐까? 「가변=번잡」인 것을 제하더라도 플러스의 몫이 크지 않을까? 라고 생각한다.

「어려운 면도 있다. 가령, 보통의 스로틀링을 하는 가솔린 엔

Collaboration을 아직 잘 다루고 있지 못하는 것 같은 생각이 든다.

자동차의 세계에서 압도적인 대다수를 차지하는 내연기관 이야말로 아직도 하지 않으면 안 되는 것이 많이 있다. 실린더 헤드 주변의 연구개발 현상을 아는 것만으로도 미래의 엔진은 더욱 좋아질 것이라는 기대를 품을 수 있다.

「그렇다. 적어도, 지금의 학생들이 정년퇴직을 맞이할 무렵까지는 엔진이 주력이라고 생각한다. 2050년 시점에도 자동차의 85%가 내연기관을 적재하고 있을 것이라는 예측도 있는데 어쩌면 그 예측대로 될 것이라고 생각하고 있다」

「그러면 모리가와 선생님 다음에는 수평대향 2기통 엔진의 이야기를 하기 위해 방문하겠습니다.」 2기통 2밸브는 결코 『퇴화』는 아니기 때문에.

엔진의 열효율과 성격을 결정하는 마법의 숫자

도해 특집 :
압축비

Compres

엔진의 고효율화 기술 ①

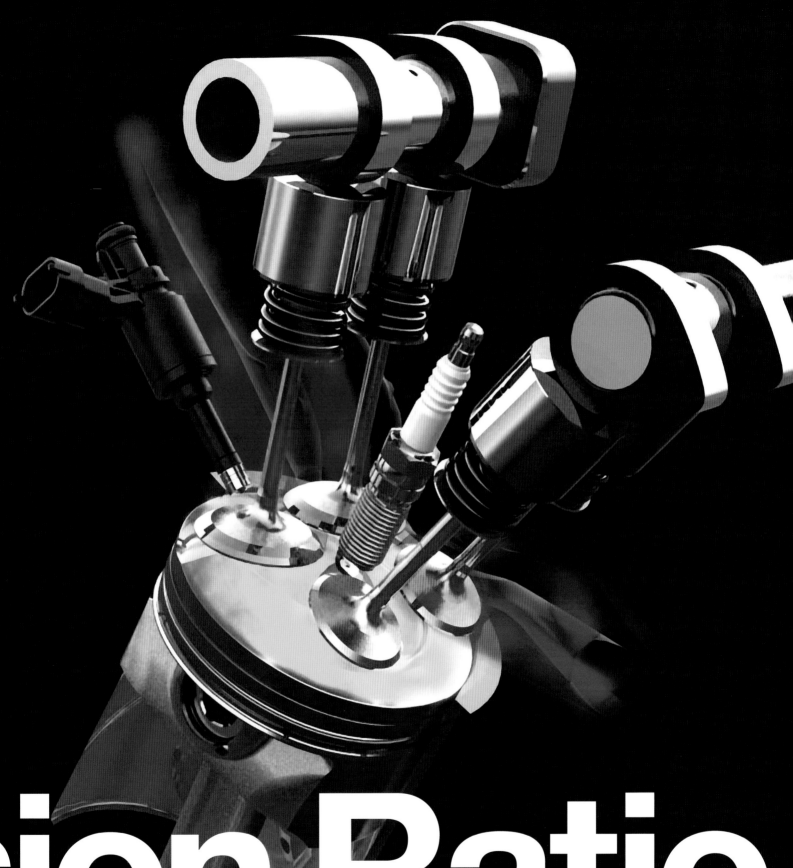

sion Ratio

Mazda의 SKYACTIV 등장과 함께 일약 주목을 받게 된 압축비. 하지만 현재의 엔진에 있어서 「압축비」라는 말은 그다지 특정지을 수 있는 방법이 마땅치 않아 유감스럽게도 압축비에 특징이 있는 엔진의 성격을 나타내기가 어렵다. 종래의 압축비를 「체적비」라 정하고 엔진의 압축행정과 구분해서 생각해 보면 많은 것을 알 수 있을 것이다. 「압축비」란 숫자가 엔진에 어떤 영향을 주는지 생각해 보았다.

지난 10년간 엔진의 압축비는 이렇게 극적으로 변화하였다.

엔진 내로 흡입된 공기의 체적을 연소 직전까지 어느 정도로 작게 할 것인가?
연소실 체적을 「1」로 하였을 때의 흡기 체적 「x」와의 비율을 일반적으로 압축비라 하며, 1 : x로 표시된다.
압축비는 엔진의 「효율」을 크게 좌우하는 요소인데 특히 최근에는 엔진 개발의 중요한 지표로서 주목을 받게 되었다.

글 : 마키노 시게오(牧野茂雄 Shigeo Makino)

자동차 엔진의 기하학적 압축비는 실린더 내경×행정, 실린더 헤드 측의 연소실 형상, 피스톤 헤드 형상이라는 기계적 치수로 결정된다. 모두 설계에 의한 수치이기 때문에 엔진의 설계 단계에서 결정된다. 이것은 즉 『실린더 체적에 대한 압축 끝의 체적 비율』이며, 체적비라고 불러도 무방하다.

그러나 시시각각으로 변화하는 엔진의 운전 상태에 알맞도록 그때그때의 압축비는 변화한다. 기계적 치수로 결정된 압축비와 실제의 압축비(유효 압축비)가 같아지는 영역은 우리가 상상하는 만큼 넓지는 않은 것 같다. 이것이 자동차 엔진의 현재 모습이다.

그러나 엔진 설계의 기술은 확실하게 진보하며, 기하학적 압축비(기하학적 체적비)는 조금씩 높아지고 있다. 여기에 게재한 2개의 그래프는 2002년과 2012년의 미국 일본 유럽의 대표적으로 시판되는 엔진에 대하여 카탈로그에 표기된 압축비를 비교한 것이다. 양쪽을 비교해 보면 가솔린 엔진은 NA(자연흡기) 그룹이나 과급 그룹이나 2012년의 압축비가 2002년과 비교하여 조금 높은 수치로 되어 있다. 그래프 중의 「+」 표시는 각각의 그룹 내에서 압축비의 평균값(계산은 필자)이다. 이 마크의 위치를 비교해 보면 2002년과 2012년의 평균값의 차이를 알 수 있다.

한편, 디젤엔진에서는 2012년이 2002년보다도 낮아지고 있다. 승용차의 디젤엔진은 냉간 시동 시의 실화 및 백연 방지를 위하여 압축비를 높게 하고 있지만 그 레벨은 서서히 내려가고 있다. 시동 시의 대책이 조금씩 진행되고 있는 것이다. 압축비를 낮게 할 수 있다면 연소 압력이 낮아지기 때문에 커넥팅 로드나 크랭크샤프트 등 가동부품의 강도를 줄일 수가 있으며, 실린더 블록의 강도도 줄일 수 있다. 이것들은 경량화로 이어지고 동시에 기계손실(Friction loss)도 감소시킨다.

BMEP와 압축비의 관계

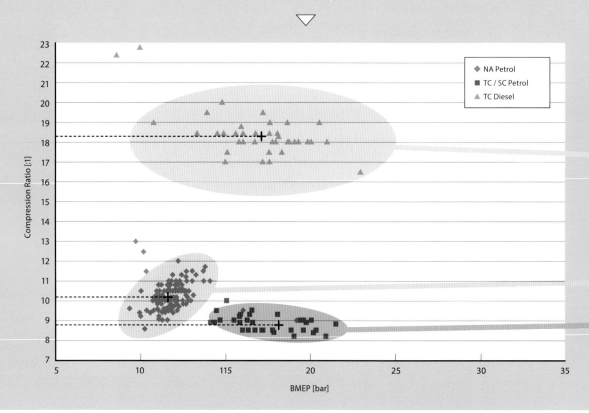

반대로, 가솔린 엔진의 압축비를 높게 할 때에는 피스톤이나 커넥팅 로드는 높은 연소 압력을 견뎌내도록 강도를 높이지 않으면 안 된다. 그러나 기계 손실은 증가시키고 싶지 않기 때문에 튼튼하고 가벼운 가동부품이 요구된다. 구조에 대한 연구나 윤활유의 개량 등으로 대응할 수 있으면 좋겠지만 그렇지 않으면 가벼운 소재로 재료를 교환하게 된다. 이것은 곧 비용의 상승으로 연결된다. 고압축비화에 의하여 연소 압력이 높아진 만큼의 효과를 그대로 열효율로서 받아들이는 것은 매우 어렵다. 더욱이 노킹이나 프리이그니션(Preignition)이라는 자기착화의 문제도 발생하기 쉬워지기 때문에 그 대책을 강구하지 않으면 안 된다.

이 그래프를 여러분은 어떻게 보는가? 「이게 뭐야, 이 정도야?」라는 인상을 받는 사람도 있을 것이다. 지난 10년간 센서류나 컴퓨터는 크게 진보하였고 그 결과 지세 제이니 충돌에 방이란 전자장비 분야에서 저가격화와 정밀도의 향상이 눈에 띄게 실현되었다. 굉장한 진보이다. 하지만 가솔린 엔진에서의 압축비가 전체적으로 조금 상승하고 있는 것도 결코 과소평가할 수 없다.

가솔린 과급 엔진의 압축비 평균은 지난 10년간 약 8.7에서 9.4부근으로 상승하였다. 평균값을 끌어올리는 톱 러너가 존재하며, 동시에 압축비 8.5 이하의 엔진도 있지만 각각의 엔진은 탑재 차량의 콘셉트(concept)나 용도, 허용된 비용에 따라서 성능이 결정되어 있고 각각이 선택한 압축비에는 명확한 이유가 있다. 자연흡기 가솔린 엔진도 마찬가지이며, 지난 10년간 10.0대의 전반에서 후반으로 평균값이 이동하였다. 이것은 훌륭한 진보이며, 엔진 열효율의 상승에 기여하고 있다. 어떤 의미로는 「극적인 진보」라고 말할 수 있다.

압축비에 대한 도전은 최근에 치열해지고 있다. 이 그래프에서도 헤아릴 수 있듯이 10년쯤 전에는 압축비를 높게 한다는 것에 대하여 자동차 메이커의 관심은 그 정도로 높지 않았다. 고압축비는 고성능 자동차나 돈이 아까운 줄 모르는 레이싱 카의 세계에 해당되었는데 그러나 고성능 과급 엔진 자동차로 되면서 연료 냉각의 필요성에서 압축비는 낮게 억제되어 있었다.

가솔린 엔진이나 디젤 엔진에서 압축비에 대한 도전이 새로운 국면을 맞이하게 된 계기는 실린더 내에 직접 분사하는 기술의 확립과 진보에 있다고 말해도 좋을 것이다. 디젤 엔진은 이전부터 실린더 내에 직접 분사하였지만 21세기가 되어 연료의 분사 압력이 1500bar를 넘고 분사횟수의 제어도 치밀하게 되었다. 가솔린 엔진은 이 디젤의 진보에 끌려가듯이 일본세가 기선을 잡은 린(연료가 희박한 상태)의 직접 분사에서 Stoichiometry(이론공연비)의 직접분사로 이행하였다. 그리고 2005년에 독일 VW(Volkswagen)이 기계식 슈퍼차저(Supercharger)와 터보차저를 병용하는 직접분사 트윈 과급엔진을 실용화하면서 과급이라는 트렌드의 선구자가 되었다.

무엇인가의 진보나 어떤 새로운 발명에 의해 일거에 상황을 내다볼 수 있게 된다는 것은 자동차의 역사 속에서도 빈번히 일어나고 있다. 연비의 향상, 그에 따른 CO2 배출의 억제라는 목표의 실현을 향하여 예전부터 항상 존재한 엔진 연구 테마의 하나였던 압축비가 고속히전 고출력이 아니고 저속회전 고토크의 연비절약이라는 쪽으로 방향을 바꾸었다. 언뜻 보기엔 조용한 진보로 생각할 수 있지만 엔진의 연구개발 현장에 준 영향력은 크다. 그곳에서 끓어오른 새로운 도전으로의 움직임은 조금씩 그러나 착실하게 제품으로 이어지고 있는 것이나.

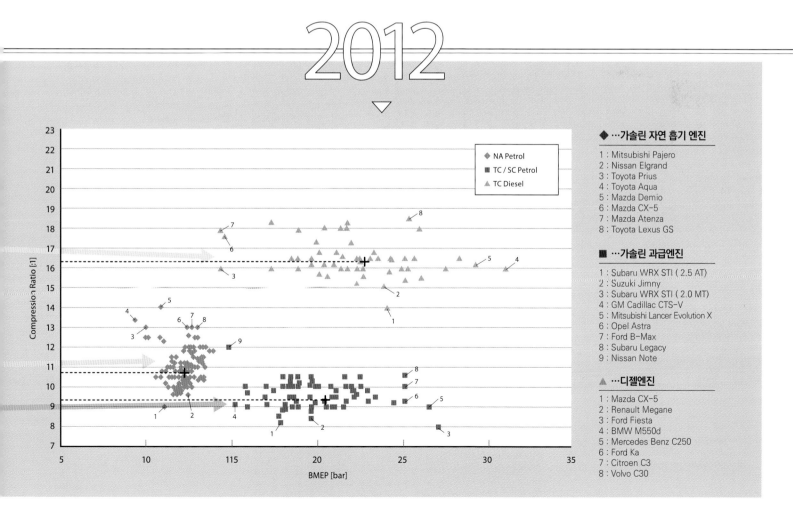

2012

◆ ···가솔린 자연 흡기 엔진

1 : Mitsubishi Pajero
2 : Nissan Elgrand
3 : Toyota Prius
4 : Toyota Aqua
5 : Mazda Demio
6 : Mazda CX-5
7 : Mazda Atenza
8 : Toyota Lexus GS

■ ···가솔린 과급엔진

1 : Subaru WRX STI (2.5 AT)
2 : Suzuki Jimny
3 : Subaru WRX STI (2.0 MT)
4 : GM Cadillac CTS-V
5 : Mitsubishi Lancer Evolution X
6 : Opel Astra
7 : Ford B-Max
8 : Subaru Legacy
9 : Nissan Note

▲ ···디젤엔진

1 : Mazda CX-5
2 : Renault Megane
3 : Ford Fiesta
4 : BMW M550d
5 : Mercedes Benz C250
6 : Ford Ka
7 : Citroen C3
8 : Volvo C30

압축비에 대한 해석(解析)

현재의 내연기관에 있어서 의식할 필요가 없을 정도로 보편적인 존재가 되고 있는 압축비. 그러나 시대의 요구에서 고효율화가 추진되는 중에 종래의 상식에서 크게 벗어난 압축비의 설정을 갖는 엔진도 나타나고 압축비라는 요소에 대한 주목도가 급속하게 높아지고 있다. 여기에서는 평소 그다지 깊이 생각할 기회가 없었던 압축비의 근원적인 부분에 초점을 두면서 최근의 상황에도 눈을 돌려 압축비의 정체에 다가가 본다.

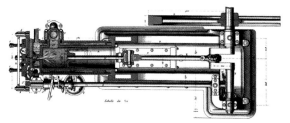

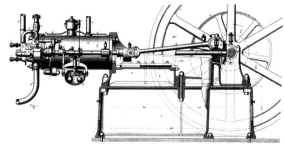

왜 압축을 하는가?

내연기관뿐만 아니라 열을 이용하여 운동에너지를 내는 열기관에서는, 높은 온도를 확보하는 것이 효율을 높이기 위한 중요한 열쇠가 된다. 그리고 내연기관에서는 높은 연소온도를 얻기 위하여 연소시키기 전에 혼합기의 압축을 실시한다.

고압력 하에서 연소를 실시하면 대기압 하에서 연소시키는 것 보다 훨씬 높은 온도가 얻어진다.

글 : 타카하시 잇페이(高橋一平 Ippey Takahashi) 그림 : Daimler

오토 사이클 엔진(Otto Cycle Engine)의 원형

19세기 말에 Nikolaus August Otto에 의하여 발명된 것이 오토 사이클 엔진이다. 장행정의 단기통으로 현재의 엔진과는 모습이 크게 다르지만 혼합기의 압축이라는 기본적인 동작은 현재의 가솔린 엔진과 같다.

현재의 주류인 다기통 엔진

Mercedes M270형 엔진(1.6리터)의 크랭크 주변 그림이다. 형태는 크게 변화되어 있지만 그 원형은 오토 엔진이다. 단행정(Short stroke) 다기통화에 따라 운전시의 회전수는 100배 가깝게 되었고 효율 면에서도 비약적인 진화를 달성하고 있다.

모든 과정에서 행정을 유효하게 사용한다.

Otto에 의해 발명된 오토 사이클(4행정)의 특징과 장점은 모든 행정에 있어서 상사점과 하사점 각각의 실린더 내 체적의 차이 즉 배기량을 최대한으로 이용하는 빈틈없는 행정에 있다. 예를 들면 압축행정에서는 혼합기를 압축함과 동시에 다음에 대기한 팽창행정에 구비된 피스톤을 하사점에서 상사점으로 이동시키는 역할도 담당한다. 모든 행정이 막힘없이 연속적으로 실시되기 위해서는 행정을 풀로 사용하는 압축이 필요한 것이다. 긴 시간 속에서 갈고 닦아진 결과 오토 사이클 엔진의 모습은 크게 변화되었지만 기본적인 동작은 현재에도 변함이 없다. 다시 말해 아래는 Mercedes M270형 엔진의 예인데 연료가 하사점 부근에서 실린더 내로 직접 분사되기 때문에 흡입된 공기는 연료와 혼합되면서 압축된다.

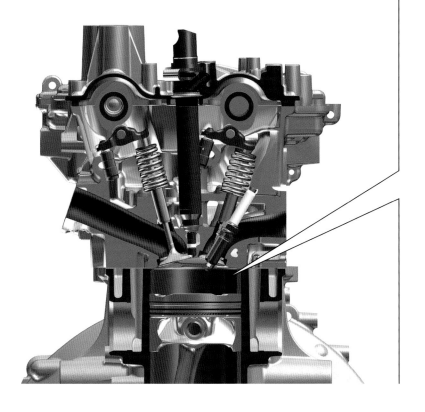

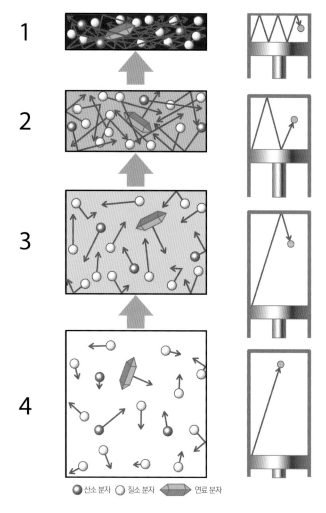

● 산소 분자   ○ 질소 분자   ◇ 연료 분자

1 : 더욱 온도가 상승하면 연료 분자의 일부분이 붕괴되기 시작한다. 가솔린도 경유도 가스도 에너지를 발생하는 근원이 되는 것은 탄소(C)인데 연료 중의 탄소와 수소(H)의 결합이 느슨해지며, 수소가 분리되었을 때에 산소(O)가 들어와 화학반응이 시작된다. 이것이 연속해서 일어난다.

2 : 피스톤이 상승하여 공간이 더욱 좁아지면 그렇지 않아도 움직임이 활발해진 분자가 여기 저기 실린더 내의 벽에 부딪치고 튀어서 되돌아와 또 어딘가에(그 상대는 분자이기도 하다) 부딪치는 운동을 반복하면서 그 「부딪침」이 온도를 더욱 높이는 상승효과를 낳는다.

3 : 피스톤이 상승하여 압축이 시작되면 혼합기의 온도가 상승한다. 밀폐된 공간에서 온도의 상승은 「분자의 운동량이 증가되었다」는 것을 의미한다.

4 : 실린더 내로 연료가 혼합된 공기(혼합기)를 흡입하였을 때의 그림이다. 대기는 질소 78%/산소 21%이므로 이처럼 각각의 분자가 공중에 떠다니고 있는 상태가 된다. 화살표는 분자의 운동량과 방향을 나타낸 것이다. 여기에서는 하나하나의 분자가 랜덤으로 움직이고 있다. 다시 말하면 모든 분자의 벡터를 합계한 결과가 「제로」로 될 때는 공기가 「정지되어 있는」 상태이다. 자동차의 엔진에서는 흡기 밸브가 공기의 「흐름」을 만들어내고 있으며, 거의 같은 방향으로 움직이고 있다.

혼합기를 밀봉상태에서 연소시켜 그에 따라 발생하는 가스의 압력을 운동에너지(일)로서 끌어내는 것이 내연기관이다. 그 높은 효율을 유지하는 중요한 요소가 혼합기의 압축이며, 역사를 거슬러 올라가면 그 역할이 선명하게 부상한다.

애초에 내연기관은 (기관의) 내부에서 폭발을 다루는 것에 대한 불안을 극복하는 것으로부터 시작되고 있다. 그러므로 당초에는 실린더 내에 넣은 혼합기를 압축하지 않고 그저 그대로 연소시키는 방법을 채택하고 있다.

19세기 후반에 등장한 세계 최초의 실용적인 양산 내연기관으로 여겨지는 Joseph Lenoir의 가스 엔진이 그 대표적인 일례가 된다. 이 엔진은 피스톤이 상사점에서 하사점으로 이동하는 행정의 중간에서 흡입 행정을 종료하고 혼합기에 점화하는 것이다. 연소의 압력을 이용하여 운동에너지를 추출할 기회는 하사점까지의 얼마 안 되는 행정밖에 없었다.

그리고 혼합기를 압축하는 내연기관은 Lenoir의 가스 엔진으로부터 수십 년 후에 나타난다.

Nikolaus August Otto에 의한 4사이클 엔진이다.

혼합기를 압축하여 점화하는 것으로 연소 온도를 높이고 보다 강력한 가스 압력을 획득한다. 그리고 연소 행정이 혼합기의 압축 후 상사점 부근부터 시작되기 때문에 행정을 최대한으로 이용하여 운동에너지를 회수하는 것도 가능하게 되어 효율이 비약적으로 향상 되었다.

즉 중요한 것은 혼합기의 압축에 의한 연소 온도의 고온화와 행정의 유효 이용이다. 이것이야말로 압축의 역할이고 은혜인 것이다.

압축비란?

엔진의 제원표 등에서 볼 수 있는 압축비는 피스톤이 상사점과 하사점 각각의 위치에 있을 때 연소실까지 포함한 실린더 내 체적의 비율이다. 내경과 행정의 치수로 구성되는 행정 체적과 연소실 체적이라는 기하학적인 요소로 나타내는 계산상의 수치이다. 어디까지나 계산값이지만 엔진 설계상의 기본 스펙이다. 밀러 사이클을 채용하는 엔진이 증가되고 있는 현재는 「압축비」가 나타내는 혼합기의 압축비율 보다도 팽창 행정에 따른 연소가스의 팽창비율, 즉 팽창비를 추정량의 지표로 하는 경우가 많아지고 있다.

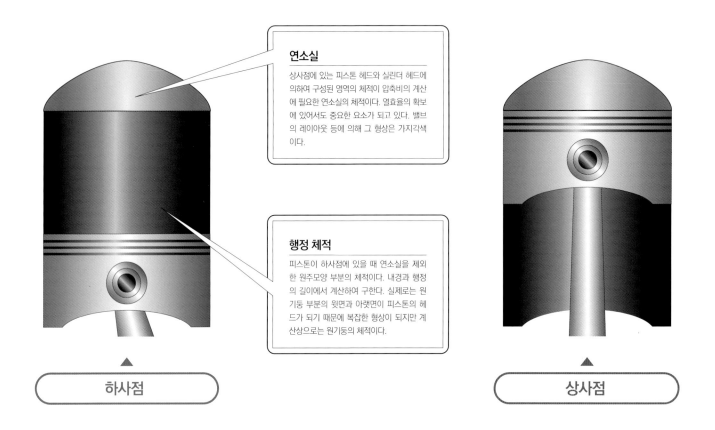

연소실

상사점에 있는 피스톤 헤드와 실린더 헤드에 의하여 구성된 영역의 체적이 압축비의 계산에 필요한 연소실의 체적이다. 열효율의 확보에 있어서도 중요한 요소가 되고 있다. 밸브의 레이아웃 등에 의해 그 형상은 가지각색이다.

행정 체적

피스톤이 하사점에 있을 때 연소실을 제외한 원주모양 부분의 체적이다. 내경과 행정의 길이에서 계산하여 구한다. 실제로는 원기둥 부분의 윗면과 아랫면이 피스톤의 헤드가 되기 때문에 복잡한 형상이 되지만 계산상으로는 원기둥의 체적이다.

하사점

상사점

연소실 체적 : **40cc**   행정체적 : **400cc**

체적비는   (**400cc** + **40cc**) ÷ **40cc** =   **11**

STUDY   002

체적비와 압축비 및 팽창비

밀러 사이클을 채용하는 엔진이 증가되고 있는 현재 종래의 압축비 표기의 의미는 변화하고 있는 중이다.
이들 엔진에서는 압축 행정의 일부구간에서 흡기 밸브를 일부러 열어두어 실린더 내로 들어온 공기를 토출시키기 때문이다.
그래서 사용하게 된 것이 체적비나 실제 압축비 등이라는 표현이다. 여기에서는 이들의 사용방법과 그 배경을 따라가 보자.

글 : 타카하시 잇페이(高僑一平)   그림 : 만자와 코토미(萬澤琴美)

실제의 압축비는?

실린더 내경이나 피스톤 헤드의 형상 등과 같이 설계에서 결정되고 그대로 공작되어 「변하지 않는」 연소실 체적이 우선 존재한다. 한편 드라이버의 운전조작은 변수가 많아 갑자기 엔진의 회전속도를 높이거나 낮추는 동작도 있다. 많은 가솔린 엔진에는 스로틀 밸브가 있으며, 급격한 스로틀 조작에서는 필요한 흡기량을 확보할 수가 없다. 그리고 고속회전 영역에서는 기계의 숙명으로서 응답의 지연이 발생하기 쉽고 밸브의 개폐 타이밍이 설계 값을 벗어나기도 한다. 그 결과 실제의 압축비는 기하학적 설계 값과는 다른 것이 된다.

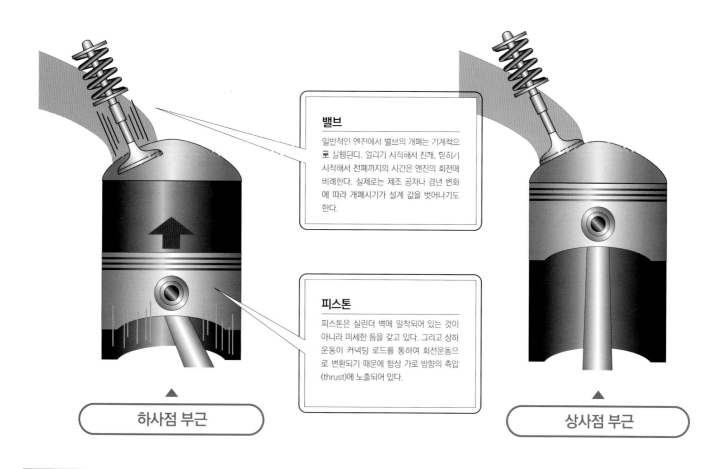

밸브

일반적인 엔진에서 밸브의 개폐는 기계적으로 실행된다. 열리기 시작해서 진개, 닫히기 시작해서 전폐까지의 시간은 엔진의 회전에 비례한다. 실제로는 제조 공차나 경년 변화에 따라 개폐시기가 설계 값을 벗어나기도 한다.

피스톤

피스톤은 실린더 벽에 밀착되어 있는 것이 아니라 미세한 틈을 갖고 있다. 그리고 상하 운동이 커넥팅 로드를 통하여 회전운동으로 변환되기 때문에 항상 가로 방향의 측압(thrust)에 노출되어 있다.

▲ 하사점 부근

▲ 상사점 부근

밸브의 추종성을 높인다.

밸브의 추종성에는 캠 페이스로부터 밸브까지의 팔로워나 로커 암, 로드 등의 관성중량도 영향을 미친다. 이 때문에 캠 트레인은 관성 중량을 가급적 작게 해 나가는 시행착오를 거치면서 진화를 이루어 왔다. 그 중에는 닫히는 측에도 로커 암을 설`치하여 강제적으로 개폐를 실행하는 기구도 존재한다.

| OHV | SOHC | DOHC | 강제 개폐 기구 |

일반적으로 압축비는 피스톤이 하사점에 있는 상태에서 연소실까지 포함한 실린더 내의 체적과 피스톤이 상사점에 있을 때의 연소실 부분 체적의 비율을 말한다. 실린더 내로 들어온 혼합기(직접분사의 경우는 공기만)를 점화(팽창 행정)전에 얼마만큼이나 압축할 수 있는지를 판단하는 지표로서 널리 알려진 표기이지만 최근에는 고효율화의 요구에 의해서 압축비라는 요소에 대한 주목도가 높아지면서 이들을 보다 정확하게 파악하기 위해 압축비에 관한 표현은 다양화되고 있다.

원래 오토 사이클을 사용하는 많은 보통형의 엔진에서 흡기 밸브는 하사점 후에도 열려있어 체적의 비율로 나타내는 압축비대로 혼합기가 꼭 압축된다고는 할 수 없다.

그래서 증가되고 있는 것이 연소실 체적이나 실린더 내경, 크랭크의 행정값 등의 기하학적 요소에 의해 결정되는 종래 그대로의 표기를 「기하학적 압축비」, 밸브 타이밍 등을 고려하여 실제로 혼합기가 압축되는 비율을 「실제 압축비」 등으로 구별하여 부르기도 한다. 특히 열효율을 추구하려고 팽창비를 크게(높게) 하면서 압축 행정에서 흡기 밸브를 닫는 타이밍을 의식적으로 크게 늦추어 실제 압축비를 낮게 억제하는 밀러 사이클에서는 이러한 표현없이 전체 상을 파악하는 것은 어려워졌다.

그래서 이 책에서는 기하학적 압축비를 「체적비」라고 부르고, 실제 압축비를 그저 「압축비」라고 부르기로 한다. 실제의 팽창비는 「체적비」와는 다르지만 일반적으로 「팽창비≒체적비」로 간주하여 이야기를 진행한다.

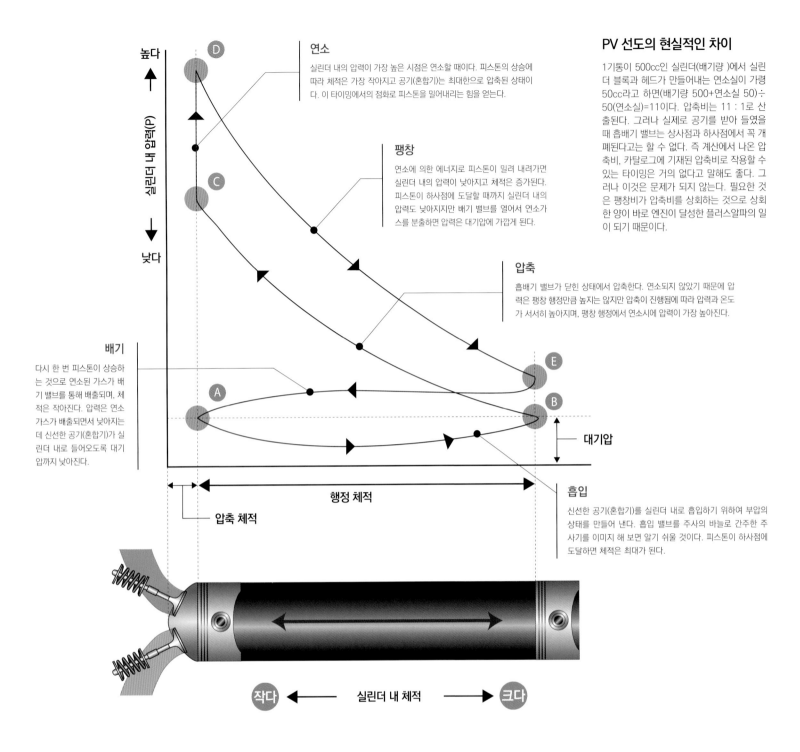

PV 선도의 현실적인 차이

1기통이 500cc인 실린더(배기량)에서 실린더 블록과 헤드가 만들어내는 연소실이 가령 50cc라고 하면(배기량 500+연소실 50)÷50(연소실)=11이다. 압축비는 11 : 1로 산출된다. 그러나 실제로 공기를 받아 들였을 때 흡배기 밸브는 상사점과 하사점에서 꼭 개폐된다고는 할 수 없다. 즉 계산에서 나온 압축비, 카탈로그에 기재된 압축비로 작용할 수 있는 타이밍은 거의 없다고 말해도 좋다. 그러나 이것은 문제가 되지 않는다. 필요한 것은 팽창비가 압축비를 상회하는 것으로 상회한 양이 바로 엔진이 달성한 플러스알파의 일이 되기 때문이다.

연소

실린더 내의 압력이 가장 높은 시점은 연소할 때이다. 피스톤의 상승에 따라 체적은 가장 작아지고 공기(혼합기)는 최대한으로 압축된 상태이다. 이 타이밍에서의 점화로 피스톤을 밀어내리는 힘을 얻는다.

팽창

연소에 의한 에너지로 피스톤이 밀려 내려가면 실린더 내의 압력이 낮아지고 체적은 증가된다. 피스톤이 하사점에 도달할 때까지 실린더 내의 압력도 낮아지지만 배기 밸브를 열어서 연소가스를 분출하면 압력은 대기압에 가깝게 된다.

압축

흡배기 밸브가 닫힌 상태에서 압축한다. 연소되지 않기 때문에 압력은 팽창 행정만큼 높지는 않지만 압축이 진행됨에 따라 압력과 온도가 서서히 높아지며, 팽창 행정에서 연소시에 압력이 가장 높아진다.

배기

다시 한 번 피스톤이 상승하는 것으로 연소된 가스가 배기 밸브를 통해 배출되며, 체적은 작아진다. 압력은 연소가스가 배출되면서 낮아지는데 신선한 공기(혼합기)가 실린더 내로 들어오도록 대기압까지 낮아진다.

흡입

신선한 공기(혼합기)를 실린더 내로 흡입하기 위하여 부압의 상태를 만들어 낸다. 흡입 밸브를 주사의 바늘로 간주한 주사기를 이미지 해 보면 알기 쉬울 것이다. 피스톤이 하사점에 도달하면 체적은 최대가 된다.

PV 선도에서의 고찰(考察)
체적비와 압축비 및 팽창비

실린더 내의 압력은 흡기, 압축, 팽창, 배기의 4행정으로 항상 변화하고 있다.
반대로 변화하는 것으로 인해 공기를 흡입하고 연소시켜 배기한다고 말할 수 있다.
4행정에서 체적비(하사점 체적÷상사점 체적), 압축비(실제 압축비), 팽창비(실제 팽창비≒체적비)를 PV 선도에서 생각하고 연구해(考察) 보자.

글 : 사토 미키오(佐藤幹郎) FIGURES : 만자와 코토미(萬澤琴美)/쿠마가이 토시나오(熊谷敏直)

흡입 행정에서는 부압이 발생한다.

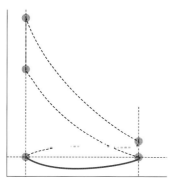

실린더 내에는 부압이 발생하여 공기(흔합기)를 흡입하게 된다. 이 부압은 피스톤의 속도에 이끌리는 것이지만 과급기에서 강제적으로 공기(혼합기)를 밀어 넣는 경우나 공명에 의한 관성 흡기 시에는 대기압보다도 높은 경우가 있다.

연소의 힘으로 압력을 끌어 올린다.

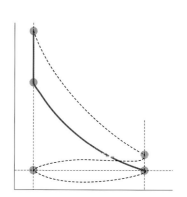

흡배기 밸브가 닫힌 상태에서 피스톤이 상사점으로 이농하면 압축되어 실린더 내의 체적은 좁아지고 그 압력은 압축할 수 있는 상한까지 도달한다. 이때의 상한 「C」와 「B」의 비가 압축비이다. 여기로부터 더욱 압력이 높아지는 것은 연소에 의한 힘으로 최고점인 「D」가 된다. 이 압력에 의하여 피스톤을 밀어내리는 힘이 발생한다.

뜨거워진 가스는 그 자체로 힘을 갖는다.

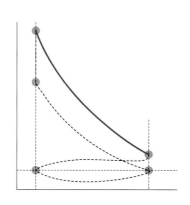
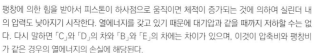

팽창에 의한 힘을 받아서 피스톤이 하사점으로 움직이면 체적이 증가되는 것에 의하여 실린더 내의 압력도 낮아지기 시작한다. 열에너지를 갖고 있기 때문에 대기압과 같을 때까지 저하할 수는 없다. 다시 말하면 「C」와 「D」의 차와 「B」와 「E」의 차에는 차이가 있으며, 이것이 압축비와 팽창비가 같은 경우의 열에너지의 손실에 해당된다.

신선한 공기를 받아들이기 위하여

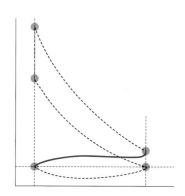

배기는 피스톤의 힘으로 실행되기 때문에 열에너지를 갖는 배기가스를 완전히 배출할 때까지는 실린더 내의 압력이 대기압보다 높다. 이들은 모두 밸브 타이밍이나 점화시기에 진각이나 지각이 없는 상태의 이야기이며, 알기 쉽도록 이론상 (정적 압축비)를 베이스로 하였다. 실제로는 밸브 타이밍이나 점화시기에 의해 항상 변화된다.

실린더 블록과 실린더 헤드가 금속으로 구성되는 이상 물리적인 체적은 결정된다. 가령 연소실의 상사점 체적이 50cc라면 500cc의 물은 도저히 들어가지 못한다. 그러나 공기는 물과 달리 압축할 수 있다. 이 때문에 압축이라는 행정이 생겨서 출력을 향상시킬 수 있다.

1기통이 500cc인 실린더(배기량)에서 상사점 체적을 가령 50cc로 한다면 (배기량 500+연소실 50)÷50(연소실)=11이다. 압축비는 11:1로 산출된다. 그러나 실제로는 흡기 밸브가 하사점에서 닫히는 것도 아니며, 하사점에서 배기 밸브가 열리는 경우도 없다. 체적비 즉, 카탈로그에 기재된 「압축비」로 일을 할 수 있는 타이밍은 거의 없다고 해도 좋다.

그러나 압축비는 목적이 아니다. 필요한 것은 압축비보다도 팽창비가 높아야 하며, 팽창비야말로 엔진이 달성하는 일이다. 팽창비가 높을수록 효율이 높아지는 것 때문에 최근에는 「압축비≒팽창비」가 주목을 받지만 압축비가 너무 높으면 노킹을 일으키기 쉬워진다. 이것들을 컨트롤 하기 위하여 피스톤 헤드 형상의 연구나 가변 밸브 타이밍이 갖춰진다.

예를 들면 앞과 같은 구성의 엔진에서 피스톤이 상승하기 전에 흡기 밸브가 닫힌다. 체적이 400cc가 되었을 때 밸브가 닫힌 경우 (400+50)÷50이므로 압축비는 9가 된다.

여기에서는 일반적으로 사용되고 있는 압축비(=기계적으로 산출된 기하학적 압축비)를 「체적비」라고 부르고, 실제의 압축비(=유효 압축비)를 「압축비」라고 부르기로 한다.

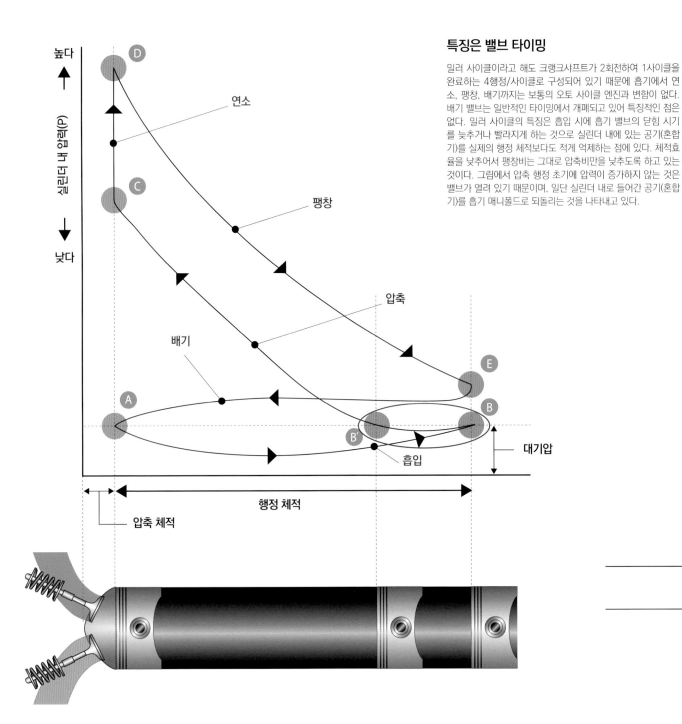

특징은 밸브 타이밍

밀러 사이클이라고 해도 크랭크샤프트가 2회전하여 1사이클을 완료하는 4행정/사이클로 구성되어 있기 때문에 흡기에서 연소, 팽창, 배기까지는 보통의 오토 사이클 엔진과 변함이 없다. 배기 밸브는 일반적인 타이밍에서 개폐되고 있어 특징적인 점은 없다. 밀러 사이클의 특징은 흡입 시에 흡기 밸브의 닫힘 시기를 늦추거나 빨라지게 하는 것으로 실린더 내에 있는 공기(혼합기)를 실제의 행정 체적보다도 적게 억제하는 점에 있다. 체적효율을 낮추어서 팽창비는 그대로 압축비만을 낮추도록 하고 있는 것이다. 그림에서 압축 행정 초기에 압력이 증가하지 않는 것은 밸브가 열려 있기 때문이며, 일단 실린더 내로 들어간 공기(혼합기)를 흡기 매니폴드로 되돌리는 것을 나타내고 있다.

STUDY　　004

PV 선도에서의 고찰

밀러 사이클과 밸브 위상(phase)

피스톤의 하사점에서 흡기 밸브가 닫히고 배기 밸브가 열리면 압축비와 팽창비는 변함이 없다.
공기(혼합기)의 압축과 연소에 의한 압축비와 팽창비 및 체적비는 같아지기 때문이다.
그러나 흡기 행정에서 흡기 밸브가 닫히는 타이밍을 오토 사이클보다도 빠르게 하거나 늦춘다면……

글 : 사토 미키오(佐藤幹郎)　FIGURES : 만자와 코토미(萬澤琴美)/쿠마가이 토시나오(熊谷敏直)

● 팽창비가 압축비를 상회하면 좋다

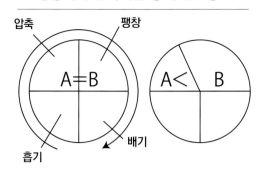

팽창비가 높으면 높을수록 열효율은 향상되기 때문에 체적비를 높게 하고 싶어 한다. 그러나 너무 높으면 압축비가 높아져서 노킹(Knocking)의 원인이 되기 때문에 높이는 것에는 한계가 있다. 그래서 팽창비(=체적비)는 그대로 두고 압축비만을 낮추려는 것이 밀러 사이클이다. 실린더 내에 공기(혼합기)를 가득하게 하지 않고 그럼에도 불구하고 폭발에 의한 팽창비는 확실히 얻는다. 팽창비가 압축비를 상회하고 노크를 피한 결과로 팽창비를 높여 열효율을 높이려는 의도이다.

아트킨슨 사이클 (Atkinson Cycle)

압축비와 팽창비가 체적비와 같으면 노크를 회피하기 위해 압축비를 낮게 하고 싶지만 팽창비가 낮으면 열효율이 저하된다. 그래서 압축비보다 팽창비를 크게 하여 열효율을 높이려는 것이 아트킨슨 사이클이다. 이중 링크 기구에 의하여 상사점과 하사점의 위치를 행정에 따라 변화시켜 보통보다 팽창비를 높게 할 수 있다. 그러나 기구가 복잡하기 때문에 양산화에는 제약이 있다.

보통의 오토 사이클은 피스톤이 하사점에 도달했을 때 흡기 밸브를 닫는다. 그러므로 피스톤이 상승하여 압축에 들어가면 하사점부터 상사점까지가 압축비가 되며, 압축비와 팽창비는 체적비와 같아진다.

흡기 밸브를 늦게 닫는 밀러 사이클은 피스톤이 상승하는 압축 행정에 들어가도 흡기 밸브가 열려 있기 때문에 실제로는 공기(혼합기)를 압축시키지 않고 압축 개시의 위치가 높아진다. 팽창하는 것은 상사점부터 하사점이므로 압축비보다도 팽창비가 커진다.

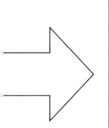

A : 상사점

닫히지 않는다.

B : 하사점

닫히기 시작한다.

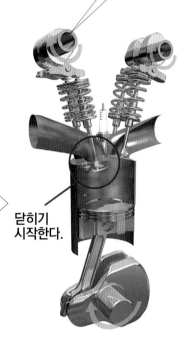

B' : 하사점 후

밀러 사이클(아트킨슨 사이클)은 흡기 밸브를 늦게 또는 빨리 닫는 것으로 압축비를 체적비보다 낮추는 방식이다. 배기량과 연료량이 같더라도 팽창비는 높을수록 열효율이 향상되어 높은 출력을 얻을 수 있지만 높은 팽창비(=체적비)에서도 압축비를 낮게 하여 노크를 회피하면서 효율을 확보하려는 것이 밀러 사이클이다.

밀러 사이클의 장점은 흡기 밸브를 늦게 닫아 팽창비는 그대로 하고 압축비를 낮춤으로써 고 과급을 가능하게 하는 점이

다. 무 과급에서는 실질적인 흡기량이 감소하고 효율은 높아지지만 필요한 토크를 얻을 수 없게 되고 만다. 현재는 직접분사+과급기에 의한 고 과급으로 이것을 보충하여 흡기량이 감소된 만큼을 보충하고 있는 것이다. 자연 흡기인 Mazda의 Skyactiv에서는 CVT로 토크의 부족을 보충하여 주행과 연비를 양립시키는 것으로써 대응하고 있다.

덧붙여서 말하면 원조 아트킨슨 사이클은 흡기 밸브를 닫는 시기의 변경이 아닌 압축 행정과 팽창 행정을 각각 따로 설정

할 수 있는 복잡한 크랭크 기구를 갖는 방식이다. 노킹에 구애되지 않고 팽창비를 높일 수 있기 때문에 효율이 상승된다(19세기에 고효율 가스 엔진에서 실용화되고 있던 것을 1세기를 거쳐 Honda가 발전용 엔진으로 다시 실용화하였다.) 그에 비해 밀러 사이클은 흡기 밸브를 늦게 또는 빨리 닫음으로써 혼합기를 일단 흡기 매니폴드로 되돌려 압축비를 저하시킨다. 어느 쪽이나 개발자의 이름을 딴 호칭인데 Prius 등은 밀러식 아트킨슨 사이클이라는 호칭이 적절한 것은 아닐까?

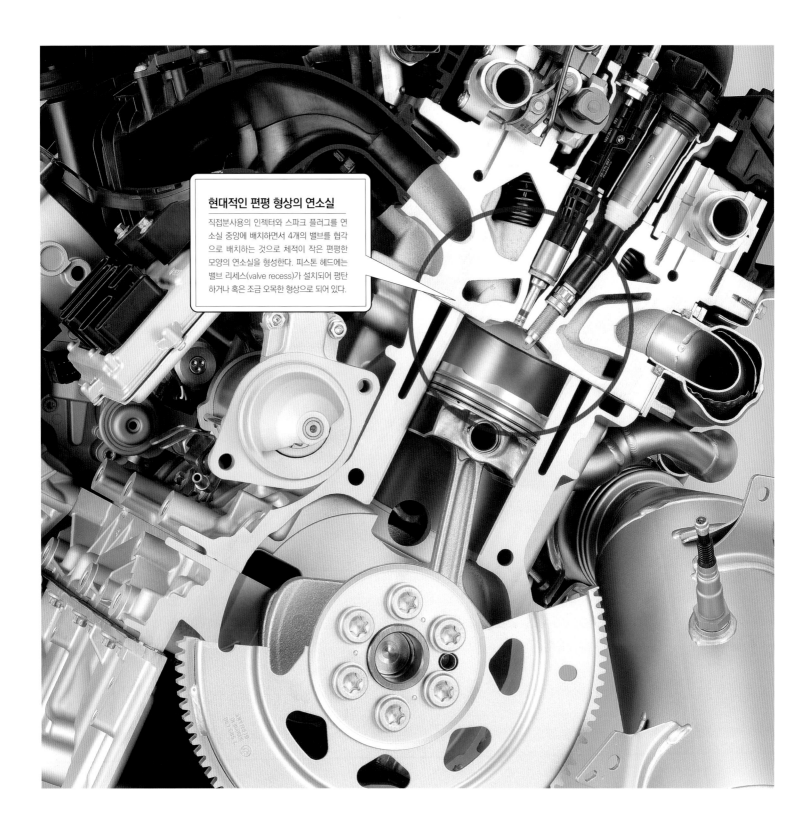

현대적인 편평 형상의 연소실

직접분사용의 인젝터와 스파크 플러그를 연소실 중앙에 배치하면서 4개의 밸브를 협각으로 배치하는 것으로 체적이 작은 편평한 모양의 연소실을 형성한다. 피스톤 헤드에는 밸브 리세스(valve recess)가 설치되어 평탄하거나 혹은 조금 오목한 형상으로 되어 있다.

STUDY **005**

압축비를 높이는 방법

가솔린 직접분사 시스템 등 현재의 고압축화에는 그것을 가능하게 하기 위한 주변 요소가 몇 개인가 존재하는데
여기에서는 연소실의 형상이라는 기하학적인 측면에서 고압축화의 방법을 따라가 본다.
압축을 높이기 위해서는 연소실 체적을 작게 하는 것이 필수이지만 연소를 악화시키지 않는 것도 중요하다. 포인트는 밸브의 배치와 피스톤의 헤드 형상이다.

글 : 타카하시 잇페이(高橋一平)　그림 : BMW/GM/Mazda/만자와 코토미(萬澤琴美)

헤드 개스킷(head gasket)에 의한 고압축화

실린더 헤드와 블록 사이에 설치하는 헤드 개스킷의 두께를 얇게 함으로써 콤마 수 밀리미터 단위이지만 연소실을 편평하게 하여 그 체적을 작게 할 수 있다. 큰 폭의 고압축화에는 적합하지 않지만 시판되는 자동차의 튠업(tune-up)에서는 잘 사용되는 방법이다.

연소실 형상의 변경에 의한 고압축화

피스톤의 헤드 형상은 그대로 두고 연소실의 형상을 변경하여 체적을 작게 하는 것으로 고압축화를 시도하는 방법이다. 연소실에 스퀴시(Squish) 에어리어를 마련하는 경우가 많지만 밸브 트레인 등의 레이아웃에도 보정할 필요가 생기는 경우가 적지 않다.

피스톤 변경에 의한 고압축화

밸브 레이아웃의 변경이 어렵고 연소실 형상의 변경 또한 곤란한 경우에는 피스톤 헤드의 형상을 도움형으로 함으로써 고압축화를 도모할 수 있다. 피스톤을 변경하는 것만으로 대응할 수 있기 때문에 비교적 간단하다고 할 수 있지만 화염전파성이나 냉각 손실을 고려하면 바람직한 방법은 아니다.

● 얇은 메탈 개스킷

고압축비화를 위하여 교환되는 금속제의 헤드 개스킷이다. 얇은 알루미늄 판의 3층 구조로 양면에 같은 기밀성을 유지하기 위하여 고무코팅이 되어 있다. 두터운 그라파이트(Graphite)제 헤드 개스킷을 교환하는 것만으로 고압축화가 시도될 수 있다는 점에서 애프터 마켓에서는 중요한 존재가 되어 있다.

● SKYACTIV-G용 피스톤

고압축 엔진의 대표적인 존재로서 알려진 Mazda의 SKYACTIV-G이다. 그것의 최상위 급인 2.5리터터보 PY-VPR형의 피스톤이다. 도움형 피스톤 헤드로 압축비를 높이면서「화염의 성장을 방해하지 않도록 중앙에 캐비티 포켓을 설치하였다」고 한다.

● GM제 V8의 욕조(bathtub)형 연소실

흡배기 밸브를 동일면 상에 배열하는 이른바 턴 플로(turn flow)의 레이아웃을 갖는 GM제 V형 8기통 엔진의 예이다. 연소실을 밸브 주변에 국한되도록 최소한으로 억제한 편평한 욕조 형상으로 하고 스퀴시 에어리어를 크게 취하여 고압축화를 도모하고 있다. 2밸브일 때는 주류를 차지하고 있었지만 현재의 엔진으로서는 보기 드문 방법이다.

고효율을 얻기 위하여 중요한 역할을 하는 고팽창화(체적비의 향상). 기본적으로는 연소실 체적을 작게 하는 것으로 실현할 수 있지만 구체적인 방법으로서 몇 가지의 종류가 존재한다.

우선, 실린더 헤드 측의 연소실 형상의 높이를 낮게 하는 방법이다. 요점은 연소실을 얇고 작게 하는 것이지만 이 부분의 형상에는 밸브 등 밸브 계통의 레이아웃이 크게 영향을 주기 때문에 이들도 동시에 고려할 필요가 있다.

최근의 엔진에서 밸브의 협각(흡배기 밸브 사이에 형성되는

각도)이 작은 것이 많은 것은 이 때문이지만 미국의 전통적인 V형 8기통 엔진 등과 같이 기통 당 2밸브의 반구형 연소실에 직경이 큰 밸브를 사용하는 구성에서는 밸브의 협각을 작게 하면 밸브를 연소실에 배치할 수 없기 때문에 고체적화는 어렵다.

그리고 이와 같은 실린더 헤드 측의 형상 확보가 곤란한 경우에는 피스톤 헤드 형상을 도움으로 하는 방법도 있다. 연소실이라고 하면 실린더 헤드 측만을 나타내는 경우가 많지만 정확히는 실린더 헤드와 상사점 위치의 피스톤 헤드로 둘러

싸인 공간을 말한다. 즉, 피스톤 측에서 연소실을 작게 하는 것도 가능한 것이다.

다만, 피스톤 헤드의 형상을 극단적으로 불룩하게 하면 연소실이 찌그러진 형태로 되어 화염전파성의 악화 등 부정적인 면이 나타나기 쉬워진다. 예전에, 기통 당 2밸브의 반구형 연소실이 주류였던 시대에는 크게 도움형으로 불룩하던 피스톤 헤드의 형상을 갖는 피스톤도 드물지 않았지만 현재에서는 사다리꼴 형상(台形)에 조금 부푼 정도에 머무는 경우가 많다.

1974 930/50 **6.5**

Porsche 최초의 양산 시판 자동차용 터보 엔진

2009 MA170S **9.8**

직접분사에 VG 터보를 조합시킨 최신세대

신구 과급 엔진의 압축비

Porsche 최초의 양산 시판 자동차용 터보 엔진인 930/50형은 인터쿨러가 없는 공랭식이기도 하여 체적비는 불과 6.5였다. 이에 비해 최신 세대인 M170S형의 체적비는 9.8이다. 직접분사 기술을 활용하여 큰 폭의 고체적화를 도모하면서 1.5bar라는 높은 과급압력까지도 실현한다. 2기의 VG터보와 인터쿨러를 조합시켜 3800cc의 배기량에서 390kW(530ps)를 이루어낸다. 다시 말하면 930/50형의 배기량은 2994cc로 최대 과급압력은 0.8bar. 최고 출력은 191kW(260ps)인 것이었다.

STUDY   006

과급과 압축비의 관계

보다 많은 공기를 실린더 내로 밀어 넣는 과급에서는 엔진으로 이끄는 공기를 미리 압축한다.
압축된 공기가 실린더 내로 들어가고 다시 압축된다면 압축비는 체적비 이상으로 높아지고 그에 따라 연소실 내의 온도도 상승한다.
온도가 과도하게 상승하면 노킹 등의 이상 연소를 초래하게 되지만 가솔린 직접분사 시스템의 등장에 의해 그러한 상황은 크게 변화되고 있다.

글 : 타카하시 잇페이(高橋一平)　그림 : PORSCHE/GM/BMW/만자와 코토미(萬澤琴美)

과급 시스템과 온도

과급기에서 공기를 압축하면 그 온도는 100°C 이상으로 상승한다. 이 공기를 그대로 실린더로 이끌면 엔진의 내부에서 더욱 압축되어 과도하게 온도가 상승되어 노킹 등 이상 연소의 원인이 되기 때문에 엔진의 압축비를 낮추어야 한다. 그래서 현재의 과급 시스템에서는 과급기에서 압축한 공기를 냉각하는 인터쿨러가 거의 반드시 장착된다. 공기를 50~60°C 정도까지 냉각한 다음에 실린더로 이끌어 연소실 내의 온도 상승을 억제하고 있다.

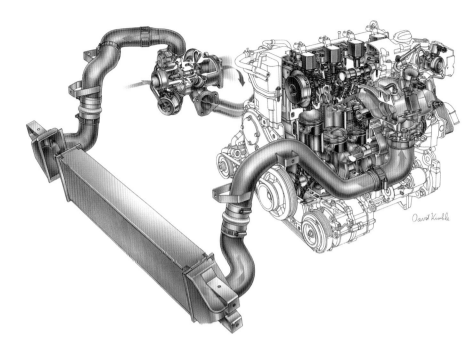

직접분사 시스템의 은혜

과급기에서 압축한 공기를 실린더 내에서 더욱 압축하게 되면 연소실의 온도가 상승하고 노킹과 같은 이상 연소가 일어난다. 이 때문에 이전의 과급 시스템에서는 체적비로서의 압축비를 8에서 9 정도로 억제하고 과급에 의하여 출력을 만드는 방법을 채용하고 있었다. 그러나 최근 등장한 직접분사 시스템에 의하여 상황이 크게 변화하였다. 실린더 내에 고압으로 연료를 분사함으로써 기화 잠열에 의한 효과적인 냉각이 가능하게 되어 압축비를 보다 높일 수 있게 되었다.

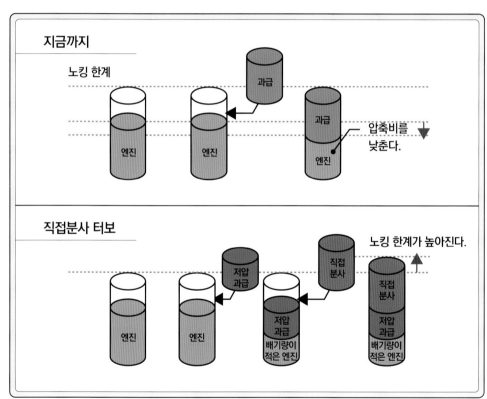

터보차저나 슈퍼차저 등의 과급기에 의하여 실린더 내로 밀어 넣어진 혼합기는 압축 행정이 시작되기 전부터 대기압보다도 좀 높게 압축된 상태이다. 이미 압축이 끝난 혼합기를 더욱 압축하게 되면 혼합기의 과열, 그리고 이상 연소로 연결된다. 이러한 문제를 회피하기 위하여 과급 엔진에서는 자연흡기 엔진보다도 좀 낮은 압축비의 설정이 필요하게 된다. 정도의 차이는 있지만 이러한 경향은 예전이나 지금이나 변함이 없다.

시판차용의 터보로서는 초기 세대에 해당하는 Porsche 930/50형 엔진의 체적비는 6.5로 지금 와서 보면 놀랄 정도로 낮은 수치이지만 이것은 인터쿨러를 설치하지 않았기 때문에 흡입 혼합기가 100°C를 넘어서고 있던 것이 커다란 원인이었다. 고온의 혼합기는 압축에 의하여 더욱 고온이 되면서 노크를 쉽게 초래한다. 그것을 미연에 방지하기 위하여 압축비를 낮게 억제할 필요가 있었던 것이다.

현재, 터보 엔진의 체적비는 10을 넘는 것도 드물지 않다. 2009년에 등장한 Porsche MA170S형의 체적비는 9.8이다. 예전의 자연흡기와 같은 수치이다. 여기까지 커다란 변화를 초래한 요인은 가솔린 직접분사 기술의 등장에 있다. 기화 잠열에 의해 연소실 안을 효과적으로 냉각할 수 있게 되어 압축비를 높이더라도 이상 연소가 일어나기 어렵게 된 것이다. 이로 인하여 터보 엔진의 고효율화는 일거에 진행되었고 그 본연의 상태는 크게 변화하였다.

출력을 높이기 위해 대량의 연료를 소비하던 터보 엔진의 모습은 어느새 과거의 것이 되었다. 그리고 그 변화를 뒤에서 떠받치는 중요한 역할을 하고 있는 것이 압축비라고 하는 요소인 것이다.

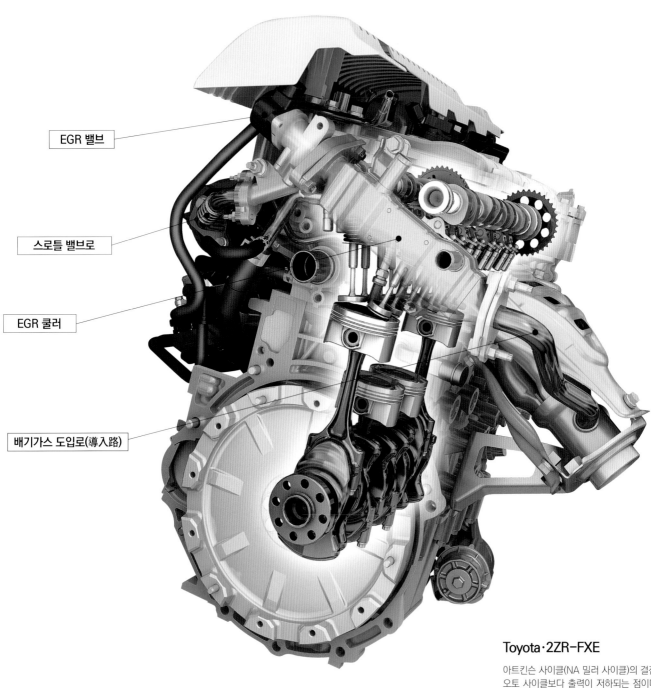

EGR 밸브

스로틀 밸브로

EGR 쿨러

배기가스 도입로(導入路)

Toyota·2ZR-FXE

아트킨슨 사이클(NA 밀러 사이클)의 결점은 같은 배기량이라면
오토 사이클보다 출력이 저하되는 점이다. 그러나 모터로 토크
를 보충할 수 있는 하이브리드라면 그것은 문제가 되지 않는다.
Toyota는 아트킨슨 사이클을 적극적으로 하이브리드에 탑재하
고 있다. Toyota 아트킨슨의 특징은 쿨드(cooled) EGR을 채용
하고 있는 점이다. EGR도 냉각된다면 충전효율의 저하를 억제
할 수 있고 유량을 보다 많게 할 수 있다. 밸브 타이밍식의 내부
EGR 보다도 많은 장점을 얻을 수가 있다.

EGR과 압축비의 관계

EGR은 예전에는 배기가스를 정화하기 하기 위한 장치로서 주목을 집중시키고 있었다.
그것은 NOx를 저감시키기 위한 것으로 삼원촉매나 연료제어가 향상되어가는 과정에서 가솔린 엔진에 쿨드 EGR을 탑재하는 시대가 온다고는 생각하지 못했을 것이다.
그러나 현재는 EGR은 새롭게 사용하는 시대가 된 것이다.

글 : 사토 미키오(佐藤幹郎) 그림 : TOYOTA/쿠마가이 토시나오(熊谷敏直)

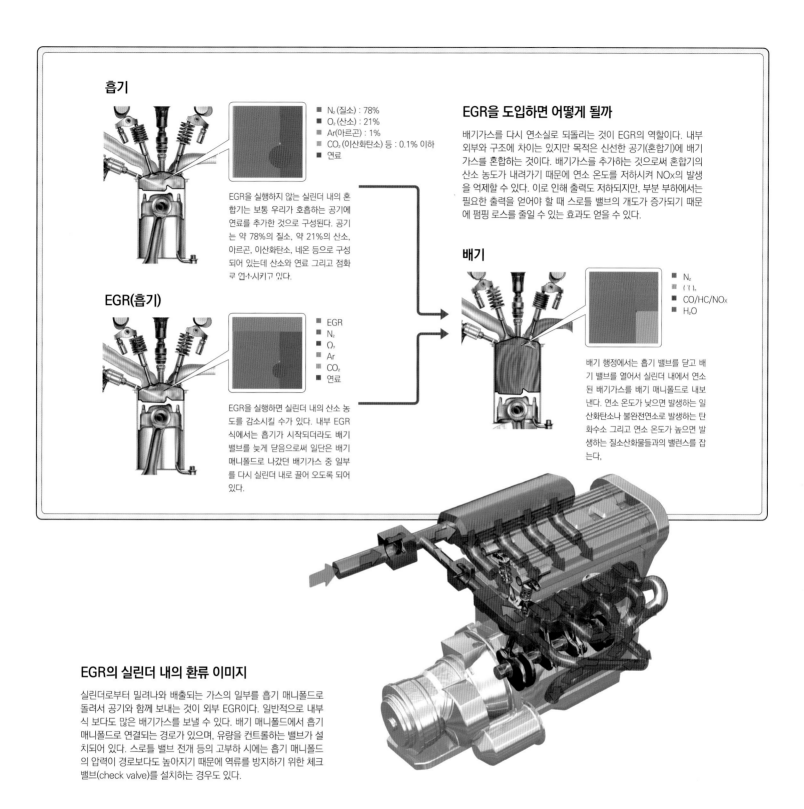

흡기

- N₂ (질소) : 78%
- O₂ (산소) : 21%
- Ar(아르곤) : 1%
- CO₂ (이산화탄소) 등 : 0.1% 이하
- 연료

EGR을 실행하지 않는 실린더 내의 혼합기는 보통 우리가 호흡하는 공기에 연료를 추가한 것으로 구성된다. 공기는 약 78%의 질소, 약 21%의 산소, 아르곤, 이산화탄소, 네온 등으로 구성되어 있는데 산소와 연료 그리고 점화로 업↑시키고 있다.

EGR(흡기)

- EGR
- N₂
- O₂
- Ar
- CO₂
- 연료

EGR을 실행하면 실린더 내의 산소 농도를 감소시킬 수가 있다. 내부 EGR 식에서는 흡기가 시작되더라도 배기 밸브를 늦게 닫음으로써 일단은 배기 매니폴드로 나갔던 배기가스 중 일부를 다시 실린더 내로 끌어 오도록 되어 있다.

EGR을 도입하면 어떻게 될까

배기가스를 다시 연소실로 되돌리는 것이 EGR의 역할이다. 내부 외부와 구조에 차이는 있지만 목적은 신선한 공기(혼합기)에 배기가스를 혼합하는 것이다. 배기가스를 추가하는 것으로써 혼합기의 산소 농도가 내려가기 때문에 연소 온도를 저하시켜 NOx의 발생을 억제할 수 있다. 이로 인해 출력도 저하되지만, 부분 부하에서는 필요한 출력을 얻어야 할 때 스로틀 밸브의 개도가 증가되기 때문에 펌핑 로스를 줄일 수 있는 효과도 얻을 수 있다.

배기

- N₂
- (？)
- CO/HC/NOx
- H₂O

배기 행정에서는 흡기 밸브를 닫고 배기 밸브를 열어서 실린더 내에서 연소된 배기가스를 배기 매니폴드로 내보낸다. 연소 온도가 낮으면 발생하는 일산화탄소나 불완전연소로 발생하는 탄화수소 그리고 연소 온도가 높으면 발생하는 질소산화물들과의 밸런스를 잡는다,

EGR의 실린더 내의 환류 이미지

실린더로부터 밀려나와 배출되는 가스의 일부를 흡기 매니폴드로 돌려서 공기와 함께 보내는 것이 외부 EGR이다. 일반적으로 내부식 보다도 많은 배기가스를 보낼 수 있다. 배기 매니폴드에서 흡기 매니폴드로 연결되는 경로가 있으며, 유량을 컨트롤하는 밸브가 설치되어 있다. 스로틀 밸브 전개 등의 고부하 시에는 흡기 매니폴드의 압력이 경로보다도 높아지기 때문에 역류를 방지하기 위한 체크 밸브(check valve)를 설치하는 경우도 있다.

EGR이란 Exhaust Gas Recirculation의 약어이며, 배기가스 재순환 장치를 의미하고 있다. 기능으로서는 한 번 연소하여 배기가스가 된 가스를 다시 연소실로 되돌린다. 이것이 EGR이다. 배기가스는 한 번 연소된 것이므로 산소는 거의 포함되어 있지 않다. 그러면 어째서 일부러 되돌리는 것일까?

그것은 우선 산소 농도의 저하가 이유일 것이다. 냉각된 배기가스가 실린더로 들어오면 산소 농도가 저하된다. 따라서 연소 온도가 낮아져 NOx의 저하로 연결된다. 그리고 EGR로 저하되는 토크를 원래대로 되돌리기 위하여 스로틀 밸브의 개도가 커지게 되어 펌핑 로스(흡입 저항)를 작게 할 수 있는 것이다.

EGR에는 2종류가 있는데 흡기 매니폴드와 배기 매니폴드를 연결하고 제어 밸브로 유량을 컨트롤하는 외부식과 밸브 오버랩 등으로 배기 매니폴드로 이동한 배기가스를 다시 실린더 내로 되돌리는 내부식이 있다.

내부식은 외부식 만큼 유량을 많게 할 수는 없지만 배기가스의 재연소로 HC를 저감할 수는 있다. 외부식은 냉각(Cooled EGR)하는 것으로써 노킹을 억제할 수 있으며, 디젤엔진에서는 주류 이외에도 Mazda의 SKYACTIV 등에 채용되고 있다.

EGR을 연소라는 관점에서 보면 산소가 적은 기체를 거두어들인다는 점에서 혼합기를 희석한다는 것이다. 즉, 배는 부르지만 영양소는 없는 것이다. 질소는 거의 그대로 배출된다. 필요 이상의 칼로리 섭취를 하지 않는 시스템이라고 할 수 있다. 과식에 주의하기 위하여 구비된 것이 EGR인 것이다.

압축비 13.6　　　F1

Toyota
Toyota RVX- 09 (2009)

회전수의 상한이 정해져 있기는 하지만 18000rpm
의 초 고속회전 유닛이므로 장행정으로 하는 것에는
한계가 있다(치수를 변경할 수 없는 결정이기는 했
지만). 좌측이 흡기 밸브이다. 포트의 상류에서 연료
를 분사한다(최대 분사입력은 100bar로 규제). 양산
엔진과 같으며, 공기를 많이 넣어 연료와 잘 혼합된
상태로 만들어 점화하는 것이 기본이다.

엔진 형식 : V형 8기통 자연흡기
배기량 : 2399cc
내경×행정 : 96.8mm×40.77mm
규제상의 제약 : 회전수 상한 18000rpm

[Racing 엔진의 압축비]
사실은 압축비 17을 감안한 고효율 유닛

고출력을 추구하는 것이 레이싱 엔진의 개발이지만 같은 출력을 추구하더라도 가능한 한 적은 연료로 실현하려고 하는 것이 개발의 주안점이다.
열효율의 향상을 위해 씨름하는 점에서는 양산 엔진과 같다. 가변 밸브 등의 도구를 이용하지 않고 원시적인(primitive) 디바이스로 고효율을 지향한다.

글&사진 : 세라 코타(世良耕太)　사진 : Honda/Nismo/야마가미 히로야(山上博也)

레이싱 카는 가솔린을 뿌리며 달리고 있는 이미지가 있을 지도 모르겠지만 그런 일은 없다. 「머플러도 촉매도 장착되지 않는 등 제약이 다르기 때문에 직접 비교할 수는 없지만」이라고 어느 레이싱 엔진의 설계자는 말문을 열면서 「최고 출력점에서의 연료 소비율은 프리우스의 최량 연비점과 동등하다」라고 자신 있게 말한다.

예를 들면 Nissan/Nismo는 2006년 시즌의 종반까지 SUPER GT GT500 클래스 차량에 3리터·V6 트윈 터보를 탑재하고 있었다. 이것을 최종전에서 4.5리터·V8 자연흡기로 교체하였는데 교체한 최대 이유는 「압축비」라고 개발에 종사한 엔지니어는 답하고 있다.

「규칙으로 흡기 Restrictor의 장착이 의무화 되고 있다. 한정된 공기에서 에너지를 추출하기 위해서는 압축비가 높으면 높을수록 이득이 된다. 그 만큼 팽창비가 얻어지기 때문이다. 터보 시대는 압축비를 12까지 갖고 갔지만

그것으로는 경쟁력을 얻을 수 없게 되었으며, 압축비를 될 수 있는 한 높게 취한다는 관점에서 V8·4.5리터를 선택하였다. 열효율을 높이는 방법으로 으뜸가는 것이 압축비이므로 그것을 최대한 높이고 싶었다.」

디젤엔진과 동등한 압축비를 실현하고 있다는 점에서 16 이상이 있었다는 것일까 (15로는 약하다고 말한다). 당시의 SUPER GT GT500의 엔진은 양산 베이스가 조건이었다.

「압축비를 높이는 것과 동시에 손실을 줄이는 노력도 하였다. 흡기 Restrictor가 부착된 엔진이므로 흡기 손실이 문제가 되기 때문에 맥동 효과의 동조점을 어떻게 맞추어 갈지가 중요하게 되었다. 마찰 손실을 줄이기 위하여 저마찰화를 도모하지만 어디까지 할지는 비용과 밀접한 관계가 있다.」

압축비를 높여가면 노크의 한계와도 싸움이 되지만「착

실히 할 수 밖에 없다」고 말한다.

「피스톤 헤드의 형상도 그렇고 링 주위의 간극을 설정하는 것도 그러하다. 돌파구(Breakthrough) 등은 존재하지 않는다. 시간을 들여서 조금씩 올려 갈 수 밖에 없다. 국소적으로 열이 모이면 노킹의 원인이 되기 때문에 그것을 피하기 위하여 열이 모이는 장소를 중점적으로 냉각시킨다. 반대로 필요가 없는 장소는 냉각하지 않는다. 가령 연소실 부근은 냉각시키더라도 라이너 주변은 냉각시키지 않는다. 열이 냉각수에 의해 손실이 되기 때문이며, 혼합기를 어떻게 균일하게 할지도 중요하다. 그 부분은 계산과 동시에 실제의 기구를 사용한 시행착오의 반복이 된다.」

개발에서는 전개시 정상에서 사용하는 회전수 영역의 출력 값을 최우선 과제로 삼았다. 7500rpm까지 회전시킨다고 하면 6000rpm에서 7500rpm까지의

1500rpm에서 출력의 적분 값이 커지는 방향으로 개발을 한다. 흡기 Restrictor에서 유입되는 공기량은 제한이 되어 일정한 영역이므로 그 회전수 영역에서 출력이 상승되는 것은 연료의 소비율이 좋아졌다는 것을 의미한다. 항상 전개 상태로 달리고 있기 때문에 연비는 나쁘지만 연료 소비율은 좋은 것이다.

Nissan/Nismo는 1년 후에 내경, 행정 값을 변경하여 더욱 효율을 높였다. 양산 엔진에서 효율 향상의 수단과 마찬가지로 장행정으로 한 것이다. 레이싱 엔진에서 장행정이라고 표현하는 경우는 보통 내경/행정 비가 1 이하이다.

「연소실을 콤팩트하게 하기 위해서이다. 압축비는 같더라도 노크가 발생하기 어렵게 되었다.」

장행정화에 대한 대처는 최근에 국한된 이야기가 아니다. 4반세기 전의 F1 터보 엔진도 장행정화에 나섰었다.

1.5 리터로 1000 마력이든지 1500 마력이든지 라는 위세 좋은 숫자가 독보하고 있었는데 고효율화 즉 압축비의 향상에 대처하고 있었다.

Honda가 제2기 F1에서 최초로 투입한 1983년의 RA163E는 내경×행정이 90mm×39.3mm(행정/내경비 0.437)이었지만 1985년에 투입한 RA165E는 82mm×47.3mm(행정/내경비 0.577)가 되고, 1986년부터 터보의 최종 해인 1988년에 투입한 RA166E~RA168E는 내경×행정을 79mm×50.8mm (행정/내경비 0.643)으로 하였다.

레이싱 엔진은 고출력을 지향하는 것이지만 1985년 이후는 단계적으로 연료 탱크의 용량 규제 (레이스 중의 급유는 금지)가 도입되어 연료 소비율의 개선이 급히 처리해야 할 일이 되었다. 그래서 높은 열효율을 얻기 위하여 압축비를 높이는 방향으로 개발을 진행하였던 것이

다. 압축비를 높이기 위해서는 콤팩트한 연소실이 필요하다는 이유로 실린더 내경을 작게 하고 행정을 길게 하는 경향으로 되었던 것이다. RA163E에서 6.6이었던 압축비는 RA168E에서 9.4로 높아졌다.

최신의 레이싱 엔진도 역시 개발의 주안점은 열효율의 향상으로 어떤 Restrictor 장착의 NA 엔진의 열효율은 40%, 압축비는 17에 달한다고 한다. 열효율을 높이는 방법은 압축비의 향상으로 장행정화는 더욱더 진행되고 있다. 하고 있는 것은 4반세기 전과 변함이 없지만 돌파구가 없는 것도 같고 대처하고 있는 내용을 한마디로 표현하면 「최적화」라고 밖에는 말할 수 없는 것이다.

> 엔진 형식 : V형 6기통 트윈 터보
> 배기량 : 1494cc
> 내경×행정 : 79.0mm×50.8mm
> 규칙상의 제약 : 최대 과급 압력 2.5 bar

압축비 9.4 ▶ F1

Honda **RA168E** (1988)

Honda 제2기 참전시대 최후의 터보 엔진이다. 1986년에 투입한 RA166 이래로 내경×행정은 변함이 없었지만 압축비는 7.4, 7.4~8.2, 9.4로 높아지고 있다. 압축비를 높일 수 있었던 것은 과급 압력이 저하한 것과도 관련이 있다. 최대 과급 압력은 1986년이 무제한이었고, 1987년은 4bar, 1988년에는 2.5bar 이다. 1986년~1987년은 밸브 협각이 39도였지만 1988년은 32도로 함과 동시에 피스톤 헤드도 거의 편평하며, 고압축화에 대응하였다.

압축비 15 이상 ▶ GT1

Nissan / Nismo **VK45** (2008)

Nissan/Nismo가 2006(1차전에만)~2009년의 FIA GT1 선수권에 투입. 2003년 8월에 마이너 체인지한 Cima나 2004년에 데뷔한 Fuga가 탑재한 양산 엔진이 베이스이다. 흡기 Restrictor 장착 엔진은 일정한 회전수로 유입되는 공기량이 한계점에 도달한다. 한정된 공기로부터 가능한 한 많은 일량을 추출하기 위한 대책이 압축비의 향상이다.

압축비 12 전후 ▶ GT1

Nissan / Nismo **VK56** (2010)

Nissan/Nismo가 2010~2011년의 FIA GT1 선수권에 투입한 GT-R이 탑재. Nissan Armada나 Infiniti QX 56 등에 탑재한 양산 유닛이 베이스이다. 기술적으로는 압축비를 15~16정도까지 높이는 것은 가능하였지만 「압축비는 그다지 높이지 말라」는 룸 통괄 사이드의 요망(비용 증가의 원인이 되므로)을 받아들이는 모습으로 굳이 「12 전후」로 억제하여 만들었다.

> 엔진 형식 : V형 8기통 자연 흡기
> 배기량 : 5552cc
> 내경×행정 : 98.0mm×92.0mm
> 규칙상의 제약 : 흡기 Restrictor 장착

> 엔진 형식 : V형 8기통 자연 흡기
> 배기량 : 4494cc
> 내경×행정 :
> 규칙상의 제약 : 흡기 Restrictor 장착

미래의 엔진을 위하여

엔진으로 고압축/고팽창을 달성하고 싶어 한다. 그러나 여러 가지 사정으로 그 실현이 용이하지 않기 때문에 현재의 엔진 체적비는 지금의 수치로 안착되고 있는 실정이다. 오토 사이클의 숫자를 높이지 않는 이유는 어떤 사정 때문일까? 디젤 사이클의 체적비를 높이는 것은 왜일까? 적을 알고 나를 알면 백전백승이다. 장해 요인을 분석해 보면 새로운 시계가 열린다. 거기에서 얻을 수 있는 미래의 엔진 모습을 생각해보자.

「자동차의 카탈로그에 기재되어 있는 압축비는 엔진의 내경×행정, 피스톤 헤드의 형상 등 기계적인 설계가 결정하고 있다. 『기하학적 압축비』를 말한다. 실제로 엔진 운전 중에 모두 그와 같은 압축비로 연소가 이루어지고 있는 것은 아니다. 각각의 운전 영역에서 한 순간의 실제 압축비를 우리는 『유효 압축비』라고 부른다. 기하학적 압축비와 유효 압축비가 모든 운전 영역에서 항상 같은 엔진은 유감스럽게도 이 세상에 존재하지 않는다. 언제 어느 때라도 기하학적 압축비로 엔진을 작동시키는 것은 엔지니어의 꿈일 뿐이다.」

이렇게 모리요시 교수는 말한다. 실제의 시판 자동차용 엔진에서는 기하학적 압축비(체적비)로 운전되고 있는 영역은 일부분에 지나지 않는다. 상당한 영역에서는 그때그때의 유효 압축비(실제 압축비)인 것이다.

그래도 시간 축을 거슬러 올라가 보면 기하학적 압축비는 조금씩 수치가 높아지고 (P 060~061참조)있다는 것을 알 수 있다. 작지만 착실한 진보를 거듭해오고 있는 것이다.

● **Special Interview_01** ●

노킹과 프리이그니션   열효율의 상승을 방해하는 벽

치바대학 | 대학원공학연구과 | 인공시스템과학전공   **교수**   **모리요시 야수오(森吉泰生) 박사**

가솔린 엔진에서 압축비 상승의 시험을 해 보면 눈앞을 가로막아 서는 벽이 몇 개인가 있다.
그 중에서도 가장 높고 두꺼운 벽은 노킹(Knocking)과 프리 이그니션(Preignition)이다.
이 두 개는 도대체 어떤 현상인가?
엔진 연구의 최전선에 있는 전문가에게 이 두 개의 현상에 대하여 질문하였다.

사진 & 글 : 마키노 시게오(牧野茂雄)

승용차용 시판 엔진의 압축비는여기까지 높아졌다.

현재의 시판되는 자동차 엔진(대형 상용차를 제외)에 대하여 압축비를 조사해 보면 특수한 소량 생산차를 제외하면 이 그래프와 같이 되어 있다. 놀라운 것은 가솔린 과급 엔진과 자연 흡기 엔진의 압축비가 겹치기 시작했다는 것이다. 그리고 Mazda가 압축비 14를 실현하였다. 물론 전 영역에서는 아니겠지만 이것은 새 시대의 시작이다. 디젤엔진에서는 압축비가 조금씩 내려가기 시작하였다.

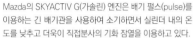

Mazda의 SKYACTIV G(가솔린) 엔진은 배기 펄스(pulse)를 이용하는 긴 배기관을 사용하여 소기하면서 실린더 내의 온도를 낮추고 더욱이 직접분사의 기화 잠열을 이용하고 있다.

가솔린

Mazda·SKYACTIV G
(유럽 사양)

압축비 상승의
한계로 알려진 영역

13.4

9.3

10.5

8.5

자연 흡기 엔진

과급 엔진

디젤

20

19.0

15

15.0

10

Mazda·SKYACTIV D

Mazda의 SKYACTIV D(디젤) 엔진은 냉간 시동 시에 배기 2단 캠을 사용하여 실화를 방지한다. 디젤 엔진의 고압축비는 냉간 시동을 위하여 불가피 했었지만 여기가 개량이 되어 14까지 끌어내릴 수 있었다.

「엔진의 연소에 대해서는 최근 10년 동안에 상당히 많은 것을 알 수 있게 되었다. 관측 기술이나 측정 기술, 해석 기술의 진보에 따라 종래에는 『이런 것은 아닐까?』라고 예상하거나 경험적 수준이었던 것이 정확히 이론이 뒷받침된 결과로 나타났다. 그러나 기하학적 압축비를 극적으로 높이거나 어떤 운전 영역에서도 『실제 압축비=기하학적 압축비』로 하는 것은 아직은 안된다.」

그러면 가솔린(오토 사이클) 엔진의 압축비 상승을 막고 있는 최대의 요인은 무엇일까?

모리요시 교수는 「노킹과 같은 이상 연소이다. 왜 노킹이 원인이 되는가 하면 노킹이 발생한 장소에서 국소적으로 압력이 급상승하며, 실린더 내에 압력의 진동이 발생하기 때문이다」라고 말힌다. 한편 異常爆發 또는 自己着火라고 번역되는 노킹의 경우 「자기착화가 나쁜 것은 아니다」라고 모리요시 교수는 말한다. 무슨 의미일까?

「디젤 엔진은 플러그 점화가 아니고 자기착화로 운전이 된다. 디젤 엔진의 경우 자기착화에 의하여 단숨에 실린더 내의 압력이 높아지지만 연소는 순식간에 끝나기 때문에 노킹이 발생되지 않는 것이다. 그런데 가솔린 엔진은 플러그가 점화하고 그 화염의 전파에 의하여 연소가 확산된다. 화염이 도달하기 전에 국소적으로 온도가 높아져서 자기착화 하는 것이 가솔린 엔진에서의 노킹이다. 최종적으로 가령 수 킬로 Hz의 진동이 발생하고 그 진동이 실린더나 피스톤에 전달된다. 불과 1000분의 수 초 정도의 짧은 시간이지만 진동이 왕복을 반복하고 있는 사이에 어느 모드에 일치한 진동만이 살아남고 그것이 엔진을 공진시킨다. 그 파괴력은 굉장하다.」

필자는 노킹 소리를 들은 적이 없지만 「킹 킹」하는 주파수가 높은 소리라고 한다. 음의 파장이 서로 겹치면서 없어지는 것과 증폭되는 것으로 나뉜다. 음은 공기의 진동이기 때문에 증폭된 진동은 에너지가 높아진다.

「디젤 엔진은 화염의 전파가 아니고 동시 다발적으로 일제히 연소실 내의 여기저기에서 순식간에 연소가 시작된다. 진원지가 너무나도 많아 서로 서로를 없애면서 보통은 커다란 공진이 되지 않는다.」

그리고 기하학적 압축비를 높이면 압축 끝에서 혼합기의 온도가 높아진다. 유지하고 있는 열량이 크면 클수록 그것이 연소되었을 때에 발생하는 힘도 커진다. 때문에 조금이라도 기하학적 압축비를 높이는 것이 좋다. 그러나 혼합기의 온도가 높아지면 자기착화가 발생하기 쉬워진다. 어디에서 밸런스를 잡을 것인가?

「그렇다. Mazda는 가솔린 엔진에서 14를 실현했지만 이것은 이미 한계에 상당히 근접한 것은 아닐까하고 생각한다. 연료를 바꾸지 않는 한 기하학적 압축비에서 15라고 하는 것을 상당히 어려울 것이다.」

14부터는 0.1의 상승을 얻기 위한 노력이 상당히 힘들며, 연구와 실용화에 시간과 비용이 많이 든다. 라는 것일까?…… 모리요시 교수는 말을 이었다.

「다른 하나는 조기점화이다. 최근의 과급 엔진에서는 이쪽이 더 문제이다. 저속회전 고부하의 영역, 즉 발진으로부터의 전개 가속에서 발생한다. 다운사이징 과급 엔진에 있어서는 괴로운 현상이며, 전개 전부하의 토크 곡선으로 그려지고 있는 저속회전 영역에서의 큰 토크는 고 과급에 의하여 얻어지는 것이지만, 그곳은 조기점화가 발생하기 쉬운 영역이다. 실제의 운전에서 지금으로서는 잘 회피하는 수밖에 방법이 없다.」

이전의 과급 엔진은 고속회전 고부하 즉, 점점 회전수를 높여서 터보차저에 의한 과급 압력이 최대에 도달하였을 때에 발생하였다.

「예전에 문제가 되었던 조기점화의 착화원은 연소실에 튀어나온 스파크 플러그의 선단이나 배기 밸브가 고온이 되어 스파크 플러그에서 점화되기 이전에 자기착화 되고 그로부터 화염전파가 시작된다는 현상이다. 점화시기를 빨리한 것과 같은 것이다. 이것이 원인이 되어 노킹으로 연결되어가는 것이다.」

그러므로 이전의 과급 엔진은 기하학적 압축비가 낮았다. 조기점화와 그것이 계기가 되어 발생하는 노킹을 회피하기 위해서이다.

「그러나 원인을 알았기 때문에 대책을 강구하기 쉬웠던 것이다. 스파크 플러그와 밸브의 열가를 바꾸거나 배기 밸브를 중공의 구조로 하여 속에 금속 나트륨을 넣어서 냉각하거나 가능한 한 대책을 실시했던 것입니다.」

이전의 과급 엔진에서도 조금씩 기하학적 압축비가 높아지고 있던 이유는 조기점화가 발생하는 조건을 알았기 때문이다. 그러면 현재의 다운사이징 과급 엔진에서 저속회전 고부하에서 일어나는 조기점화는 어떻게 된 일일까? 디포짓(Deposit : 연료의 연소된 찌꺼기)이 벗겨져 그것이 불씨가 되거나 오일의 비말(飛沫) 등이 원인이 된다고 듣고 있지만……

「일어나는 이유로는 여러 가지 설이 있다. 디포짓 설과 오일 방울(油滴) 설은 유력하다고 생각하지만 어떠한 조건에서 그것이 일어나 조기점화로 연결되는지는 밝혀지지 않았다. 저속회전 영역이라서 재료에 대한 열 부하는 낮아 냉각할 수 있다. 그런데도 발생하고 만다. 그 원인에 대해서 현재 연구를 진행하고 있다.」

고속회전 고부하에서의 조기점화는 점화 플러그나 배기 밸브와 같이 그곳에 있는 「열을 받은 부품」이 불씨였었다. 그러나 디포짓이나 오일이 비말 되면 「불확실」해진다. 직접 분사 엔진에서는 디포짓이 쌓이기 쉽다고 알려져 있다. 포트 분사의 경우는 흡기 매니폴드 안에서 연료를 분사하여 실린더에 들어가기 전에 혼합기로 되지만 직접분사의 경우는 실린더 내에서 혼합기를 만들기 때문에 분무된 연료가 기화하기 전에 피스톤 헤드에 부착하고 그것이 불완전 연소하여 디포짓으로 된다는 설이다.

「그 디포짓이 고온으로 되어 피스톤에서 벗겨져 착화의 원인이 된다고 알려져 있다. 어느 정도 크기의 디포짓이 불씨가 되기 쉬운지에 대한 시뮬레이션을 실시하고 디포짓의 크기가 『일정 폭』 속에 들어가는 크기라고는 대강 밝혀졌다. 그러나 실제의 엔진에서 반드시 재현성이 있는 것은 아니다.」

다른 하나는 오일 방울에 대한 설이다. 「실린더 내 직접분사에 의해 실린더 벽면에 부착된 연료가 피스톤 등에 부착된 오일과 섞여 끈끈하게 되고 피스톤의 상하운동에 의하여 연소실 내로 튀어나간다고 말한다. 그 때의 오일 방울은 고온 상태이기 때문에 착화원으로 되는 것이다. 그리고 피스톤 헤드에 부착되어 있는 디포짓은 가볍게 떠있는 상태의 경우도 있어 이것이 벗겨지더라도 착화원으로 된다.」

그러고 보니 이전에 가솔린 직접분사 엔진이 등장했던 무렵 디포짓을 제거하는 오일 첨가제를 개발했다는 이야기를 들었던 적이 있다. 그러나 완전히 제거할 수 있는 것은 아닌 것 같다.

「디포짓 설이나 오일 방울의 설 양쪽 모두 맞는 것은 아닌가하고 생각하고 있다. 그러나 어떠한 상황이 디포짓에서 유래된 조기점화가 되고 어떠한 상황에서는 오일 방울에 의한 조기점화가 되는지 혹은 복합적인 이유인지 아직 알지 못한다. 현시점에서 알고 있는 것은 혼합기를 농후하게 하거나 수온을 고온으로 하면 조기점화에서 피할 수 있는 경우가 많다고 하는 것뿐이다. AT라면 조기점화가 발생될 것 같은 운전 영역을 피하도록 하는 제어를 변속기와 세트로 조립하는 방법이 있다. 실제로 미국의 다운사이징 과급 엔진은 그러한 제어가 되고 있다고 개발자로부터 직접 들었다. VW(Volkswagen)의 TSI 엔진도 저속회전 영역에서는 전개 전부하의 토크 곡선으로 표시된 것 같은 고부하 영역을 피하고 있다.」

MT는 어떠할까. AT라면 변속기와의 협조 제어로 피할 수 있겠지만 MT에서 기어단의 선택은 운전자에게 일임이 된다.

「MT에서는 혼합기를 농후하게 할 수 밖에 없다. 그러나 농후한 혼합기로 하면 연소된 찌꺼기인 미세한 그을음(나노 입자를 포함한 PM)이 발생된다. 이것은 EURO 6에서는 규제 대상물질이다. 현재는 『조금 농후한 혼합기는 어쩔 수 없다』라고 끝이 났지만 미래에는 국소 농후가 허용될 수 없게 된다.」

디젤 엔진에서 규제되고 있는 PM은 대기 중에 떠다니기 때문에 SPM(Suspended Particulate matter=부유입자상물질)이라고 불린다. 그 입자의 지름은 7~2.5μm라고 한다. PM 2.5는 입자의 지름이 2.5μm 정도이기 때문에 PM 2.5라고 불린다. 지금 중국의 북경시에서 심각한

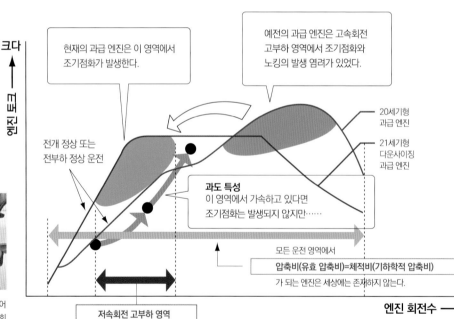

다운사이징 과급 엔진과 압력비

현재의 과급 엔진은 이 영역에서 조기점화가 발생한다.

예전의 과급 엔진은 고속회전 고부하 영역에서 조기점화와 노킹의 발생 염려가 있었다.

크다

예정 토크 크다

20세기형 과급 엔진

21세기형 다운사이징 과급 엔진

전개 정상 또는 전부하 정상 운전

과도 특성
이 영역에서 가속하고 있다면 조기점화는 발생되지 않지만……

모든 운전 영역에서

압축비(유효 압축비)=체적비(기하학적 압축비)

가 되는 엔진은 세상에는 존재하지 않는다.

엔진 회전수 높다

저속회전 고부하 영역

· 전개 정상 : 스로틀 밸브 전개에서 일정한 회전을 연속한 경우
· 전부하 정상 : 그 회전수에서의 최대 토크에서 일정한 회전을 연속한 경우

터보차저가 소형화되어 가벼워지고 베어링의 성능과 윤활 성능이 상승하여 저속회전에서 사용할 수 있게 되었다. 얄궂게도 그 결과가 저속회전 고부하에서 조기점화가 발생한 것이다.

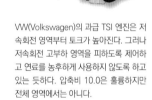

VW(Volkswagen)의 과급 TSI 엔진은 저속회전 영역부터 토크가 높아진다. 그러나 저속회전 고부하 영역을 피하도록 제어하고 연료를 농후하게 사용하지 않도록 하고 있는 듯하다. 압축비 10.0은 훌륭하지만 전체 영역에서는 아니다.

최근의 다운사이징 과급엔진은 저속회전 영역에서도 상당히 높은 과급 압력으로 운전되기 때문에 실린더 내의 온도는 높아진다. 여기에서 고압축으로 하면 점화전에 자기 착화되는 조기점화가 발생하기 쉽다. 위의 그래프에서 적색으로 칠해진 영역이다. 이것을 피하기 위하여 실제의 운전에서는 녹색의 화살표와 같이 제어되는 경우가 많다. 그 경우는 20세기형 과급 엔진과 비슷한 토크의 곡선으로 되지만 직접분사에 의한 연료 최적 제어의 효과와 기화잠열 효과, 터보차저의 소형경량화에 의하여 저속회전에서의 응답성은 양호하다.

압축비 상승에 대한 도전은 계속된다.

● 흡기 타이밍
흡기 밸브의 개폐 타이밍을 변화시킴으로써 압축비를 어느 정도 제어할 수 있다. 밀러 사이클이 그 대표적인 예이며, 압축비를 억제하더라도 팽창비를 크게 할 수 있어 고압축비화와 같은 효과를 얻을 수 있다.

● 온도 성층과 EGR
스파크 플러그 주변으로 온도가 높은 흡기를 이끄는 쿨드 EGR을 사용하는 등 흡기로 온도 성층을 형성하는 수단도 유효하다.

● 점화 시스템
지금 점화계통은 많은 연구가 진행되고 있는 격렬한 분야이다. 확실하게 착화시켜 재빨리 연소시키려는 것이다. 자기착화가 일어나기 전에 혼합기를 모두 연소시킬 수 있다면 노킹이나 조기점화도 발생되지 않는다.

● 「냉각」의 세분화
실린더 벽면을 부위마다 필요한 온도로 냉각하는 방법도 유효하다. 실린더 헤드 주변은 개별적인 온도관리가 된다. 이것을 가능하게 하는 디바이스는 이미 전문 업체가 개발하고 있다.

● 완전 소기
연소가 끝난 가스를 완전히 실린더에서 내보낸다면 새로운 공기를 흠뻑 빨아들여 초기의 온도를 낮출 수 있다. 이른바 소기(Scavenging)이다. 배기 펄스와 배기관의 길이를 이용하여 소기하는 방법도 있다.

● 연소실 형상
다운사이징 과급 엔진에서는 실린더 헤드와 피스톤 헤드로 형성되는 연소실의 형상을 저속회전 고부하 시에 조기점화가 발생하기 어려운 형상으로 하는 방법도 유효하다.

「아직 알 수 없는 것은 산처럼 많지만 엔진 기술은 확실히 진보하고 있다」

이번 특집에 즈음해서 본지 편집부는 「설계로 결정되는 기계적(기하학적) 압축비를 「체적비」라고 부르기로 하자」고 생각했다. 그러나 모리요시 교수는 「체적비라는 말은 아직 정의되어 있지 않다」고 말한다. 「단어의 정의도 그렇지만 여하튼 엔진의 연소에 대해서는 알 수 없는 것, 그리고 관측한 적도 없는 것이 산처럼 많다.」라고 강조한다. 엔진 연구의 최전선에 있는 사람은 어쨌든 탐구심이 왕성하다. 그러므로 엔진의 진보는 착착 진행되고 있는 것이다.

고압축비화는 엔진의 열효율 향상에 기여한다. 과거 100년 이상 거듭되어 쌓인 연구에 의해 새로운 「몫」은 적어졌지만 가령 그것이 0.1이라고 해도 압축비의 향상으로 얻어지는 효과는 결코 작지 않다. 기하학적 압축비로 전 영역 운전이 가능한 「꿈의 엔진」을 향하여 가지각색의 접근법이 여러 가지의 각도에서 시도되고 있다. 그 일부를 정리한 것이 위 그림 속의 해설이다.

대기오염을 불러일으키고 있는 물질은 PM 2.5를 포함한 SPM이며, 확실히 애물거리이다.

「현재의 커다란 테마는 점화이다. 기하학적 압축비가 높아지면 스파크 플러그에서 스파크로 점화하여도 브레이크다운(공중을 불꽃이 튀는 현상)이 일어나기 어렵게 된다. 그래서 스파크 플러그에 인가되는 전압을 높게 하지만 그렇게 되면 스파크 플러그의 절연 성능을 향상시키지 않으면 안 된다. 그러면 전자적인 노이즈가 발생하기 쉬워진다. 스파크 플러그 선단의 내마모성과 내구성도 향상시켜야 한다. 고전압에서 반복적으로 용접을 하고 있는 듯한 것이므로 전극은 마모된다.」

일본의 자동차 메이커가 가솔린 직접분사를 싫어하는 이유 중의 하나가 이 스파크 플러그 주변에 드는 비용이라고 들은 적이 있다.

「노킹의 강도를 줄이기 위해서는 트윈 스파크 플러그로 하여 화염전파 거리를 짧게 하거나 혼합기를 희박화하거나 희석

화하여도 확실히 점화시키기 위하여 반복적으로 방전을 하는 방법이 있다. 더 나아가 비용이 허용된다면 다점 점화라던지 저온 플라즈마 점화라는 방법도 있다. 양쪽 모두 아직 실용화한 예는 없지만 이러한 점화 시스템을 사용하면서 연료를 희박하게 유지하는 방법은 유효하다고 생각하며, 그 다음은 비용이다.」

모리요시 교수는 노킹의 강도를 줄이기 위하여 점화 이외의 방법도 있다고 말한다.

「예를 들면 실린더 헤드와 실린더의 우측 벽면, 좌측 벽면과 같이 냉각계통을 나누어 개별적인 온도로 냉각을 하는 것도 유효하다. 아직 연소되지 않은 부분은 우선 온도가 높은 쪽에서 착화하고 뒤늦게 온도가 낮은 쪽에서 착화된다. 실험해본 결과 예상한 대로였다. 각각 다른 타이밍에서 다점 자기착화가 되기 때문에 약한 노킹이 관측되었지만 강한 노킹으로는 되지 않았다. 현재는 3개의 온도에 대응할 수 있는 라디에이터가 있으므로 냉각도 검토할만하다.」

하나 더, HCCI((Homogeneous Charge Compression Ignition ; 예혼합 압축착화)에서는 조기점화가 발생되지 않는다고 듣고 있다.

「과급하여 HCCI로 운전하는 방법도 있다고 생각한다. 그러한 논문도 이제 볼 수 있게 되었다. 유럽은 「연비가 좋더라도 주행하지 않으면 경쟁력은 없다」라는 사고방식이기 때문에 현재 상태로는 HCCI 보다 과급이다. 그러나 쿨드 EGR(배기가스 재순환)을 이용하여 흡기에 온도 성층을 만들고 HCCI로 운전하는 방법도 있다.」

모리요시 교수는 압축비를 높이더라도 노킹과 조기점화를 회피할 수 있을 가능성에 대하여 여러 가지로 말해 주었으며, 그 중에는 전망이 서있는 것도 있다고 말한다. 요는, 아직 연구의 테마가 많이 있고 그 하나하나가 가능성을 품고 있다는 것이다. 압축비 15로 전 영역을 운전할 수 있는 운전 성능(Drivability)이 뛰어난 엔진! 미래의 모습이 여기에 있는 것은 아닐까?

흡입기체 측에서 압축비를 고려하면 한계는 이런 곳에 있다

게이오대학 | 이공학부 | 시스템디자인공학과 (교수) **닥터 이이다 노리마사(飯田訓正)**

엔진 내에서 실행되는 「연소」는 연료중의 탄소나 수소와 대기 중의 산소에 의한 화학반응이다.
엔진 측에서 보면 「혼합기체에 점화하여 연소의 압력을 피스톤이 받는다.」가 되지만,
혼합기의 측에서 보면 「밀려들어가 압축되고 불이 붙여진 다음 고온고압이 되어 그 압력으로 피스톤을 밀어낸다.」가 된다.
「엔진이라는 기계 측이 아닌 혼합기체의 입장에서 압축비를 생각해보자」고 이이다 교수는 제안한다.

사진&글 : 마키노 시게오(牧野茂雄)

게이오 대학 이공학부의 이이다 노리마사 교수를 찾았다. 연소에 대한 연구의 최전선에 있는 박사이며, 필자 마키노는 무엇인가 알 수 없는 것이 있으면 이이다 선생을 방문하곤 한다. 이번에는 「압축비라는 것을 독자 여러분에게 알기 쉽게 전하고 싶습니다만……」하며 부탁을 하였다.

「압축비란 정말로 어려운 테마이다. 여러 가지 요소가 얽혀지기 때문에(웃음). 훌륭한 박사 논문의 테마가 된다. 정말로 극히 초보적인 점만을 확실히 파악해두기로 하지요」

이이다 선생은 노트에 그림을 그리기 시작하였다. 언제나 선생은 필자의 취재에 대하여 우선 그림으로 설명해 준다.

『기체의 일』이라는 개념이 있다. 예를 들면, 풍선이 부풀어 오를 때의 모습을 상상해보자. 풍선 속에 기체가 점점 들어가면 풍선이 불룩해지는 것이지만 이것은 풍선 내부의 기체가 풍선 주위의 기체를 밀어낸다는 『일』을 하고 있다고 생각할 만하다. 지구의 대기권 내에는 주로 산소, 질소, 아르곤의 분자로 채워져 있다. 보통의 생활에서는 그의 존재를 의식할 수 없지만 두꺼운 대기층에 의하여 지표 $1m^2$ 당 10톤이나 되는 무게가 가해지고 있기 때문에 풍선이 부풀어 주위의 대기를 밀어내는 것도 확실히 일인 것이다.」

대기의 성분은 산소 21%, 질소 78%, 아르곤 1%이고 그 외의 미량의 이산화탄소 및 수분 등이 함유되어 있다. 가장 가벼운(원소번호 1) 수소 원자를 1g 모으면 그 양이 $6×10$의 23승 개(個)가 되는 것에서 이 수를 「몰(mol)」이라는 단위를 쓰고 있다. 연필 12자루를 1타스라고 부르는 것과 같다. 질소

실린더 내로 흡입된 혼합기를 압축하면………

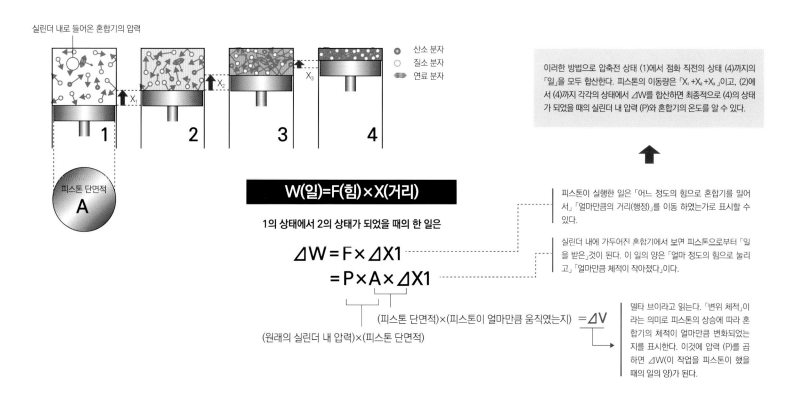

실린더 내로 들어온 혼합기의 압력

○ 산소 분자
○ 질소 분자
● 연료 분자

피스톤 단면적
A

W(일)=F(힘)×X(거리)

1의 상태에서 2의 상태가 되었을 때의 한 일은

$$\varDelta W = F \times \varDelta X1$$
$$= P \times A \times \varDelta X1$$

(피스톤 단면적)×(피스톤이 얼마만큼 움직였는지) $= \varDelta V$

(원래의 실린더 내 압력)×(피스톤 단면적)

이러한 방법으로 압축전 상태 (1)에서 점화 직전의 상태 (4)까지의 「일」을 모두 합산한다. 피스톤의 이동량은 「X₁+X₂+X₃」이고, (2)에서 (4)까지 각각의 상태에서 ⊿W를 합산하면 최종적으로 (4)의 상태가 되었을 때의 실린더 내 압력 (P)와 혼합기의 온도를 알 수 있다.

피스톤이 실행한 일은 「어느 정도의 힘으로 혼합기를 밀어서」「얼마만큼의 거리(행정)」를 이동 하였는가로 표시할 수 있다.

실린더 내에 가두어진 혼합기에서 보면 피스톤으로부터 「일을 받은」것이 된다. 이 일의 양은 「얼마 정도의 힘으로 눌리고」「얼마만큼 체적이 작아졌다」이다.

델타 브이라고 읽는다. 「변위 체적」이라는 의미로 피스톤의 상승에 따라 혼합기의 체적이 얼마만큼 변화되었는지를 표시한다. 이것에 압력 (P)를 곱하면 ⊿W(이 작업을 피스톤이 했을 때의 일의 양)가 된다.

분자 1몰은 28g, 산소분자 1몰은 32g 이다. 보통은 깨닫지 못하더라도 우리의 주위에 있는 기체에는 이러한 「무게」를 갖는 분자들이 가득 차 있는 것이다.

「하나 더, 대기 중의 분자는 항상 어지럽게 날아다니고 있다. 많은 분자가 사방으로 날기 때문에 당연히 분자끼리 충돌하며, 수많은 물질에 부딪친다. 분자가 전혀 움직이지 않는 상태가 절대영도(0K=제로 켈빈)인데 섭씨 약 마이너스 273도이다. 엔진의 실린더 내로 흡입된 대기 중에서 분자는 반드시 운동하고 있다. 여기 저기 랜덤으로 움직이고 피스톤이나 실린더 벽면에 부딪치거나 서로 부딪치는……상태이다. 그리고 이 사방으로 날아다니는 속도는 온도에 따라서 변화되는데 온도가 높을수록 운동도 활발해진다.」

물을 끓이고 있을 때의 광경이다. 비등점에 가까워지면 보글보글하고 거품이 발생하는데 분자의 활동이 활발해졌을 때의 모습을 우리는 눈으로 보고 있는 것이다.

「실린더로 빨려 들어간 흡기가 피스톤으로 눌려진 모습을 상상해보자. 공간이 점점 좁아진다(위의 그림 참조). 피스톤이 하사점에 있을 때의 실린더 내의 압력을 P라고 하면 피스톤이 상승하여 공간이 좁아짐에 따라 P는 높아진다.」

이 현상을 이해하기 위해서는 「탁구공과 라켓을 떠올려 주십시오.」라고 이이다 선생은 말한다. 탁구대 위에 공을 바로 위에서 자유 낙하시키면 통통거리면서 몇 번이나 뛰어오르다가 잠시 후에 움직임이 멈춘다. 한편 자유 낙하시키는 사이 그 탁구공의 바로 위에 라켓을 얹고 탁구대와 라켓의 공간을

점점 좁게 하면 탁구공은 라켓과 탁구대의 좁아지는 사이에서 탁탁하면서 빠르게 뛰어오른다. 그 뛰는 속도는 라켓과 탁구대의 간격이 좁아짐에 따라 빨라진다. 탁탁탁탁하고.

「대기 중의 분자도 완전히 같다. 가두어진 공간의 체적이 작아지면 벽이나 다른 분자와 부딪칠 기회가 증가되기 때문에 어지럽게 날아다니는 속도가 증가한다. 그것에 비례하여 분자의 온도가 높아진다. 엔진 측에서 보면 『피스톤이 상사점을 향하여 상승시키며, 실린더 내의 체적을 줄이고 혼합기의 압력을 높인다.』는 작업이지만 가두어진 혼합기 측에서 보면 『자신이 존재하는 공간이 점점 좁아지며, 분자 끼리 혹은 실린더 벽과 부딪칠 기회가 늘어나면서 자신도 주위도 점점 뜨거워진다.』는 것입니다.」

그 상태를 수식으로 표시하면 위와 같이 되며, 실린더 내의 체적이 작아진다. 이것은 즉 혼합기의 「체적 변화」이다. 피스톤이 상승한다. 라는 **일**을 혼합기가 받아들이고 그 일 량의 축적에 의해 원래의 압력 「P」가 점점 높아진다. 그것에 따라 혼합기의 온도가 상승한다.

풍선을 부풀릴 때는 주위의 대기를 풍선이 밀어내지만 실린더 안이라는 금속으로 둘러싼 공간 중의 혼합기는 도망갈 곳이 없다. 피스톤의 일을 받아내고 자신의 체적을 줄이며, 온도를 높일 수밖에 없는 것이다.

「피스톤이 하는 일의 양은 힘 (F)로 움직인 거리 (X)를 곱한 것으로 19세기의 엔지니어는 이것을 혼합기 측의 값으로 나타낼 수 없을까? 라고 생각하였다. 이것이 열역학의 세계

이다. 체적과 압력을 곱하면 『일의 양』으로서의 숫자로 나타낼 수 있으며, W이다(위의 그림 참조). 혼합기의 입장이 되어 『얼마만큼 줄었을까』『얼마만큼 팽창했을까』를 알 수 있으면 되는 것이다. 피스톤에 어떤 힘이 가해지고 있을지는 계산하지 않아도 좋다.」

「그러면, 다음으로 넘어 갑시다.」라고 이이다 선생은 PV선도(다음 페이지)를 그리기 시작하였다. 실린더 내의 압력 (P)와 실린더 내의 체적 (V)의 관계를 피스톤의 움직임과 함께 표시한 그래프이다. 조금 어렵지만 이이다 선생의 다음 설명을 읽으면 PV선도를 「읽는 방법」을 알 수 있다.

「피스톤이 움직이면 실린더 내의 압력은 1→2→3→4로 변화하며, 세로축은 압력을 표시한다. 실제의 피스톤은 1↔2의 사이에서만 움직이며, 가로축은 피스톤 헤드의 위치를 나타내고 있다. 1/2/3/4로 둘러싸인 공간이 피스톤의 『일』이다.」

자, 여기서 부터는 압축비 이야기이다.

「피스톤이 조금씩 움직여 혼합기를 압축하여 간다. 혼합기 측에서 보면 『방이 점점 좁아져 가는』것이다. 혼합기가 100명의 건강한 어린이들이라고 하면 처음에는 큰 방에서 천천히 뛰어다녔는데 벽이 움직여서 방이 점점 좁아지고 벽에 튕겨 보다 빠르게 뛰어다니게 되며, 다른 사람과 부딪쳐 『서로 밀치기』의 상태로 되어 점점 숨이 막힐 듯이 더워지는 것이다. 분자와 폐쇄된 공간으로 말하면 공간의 체적이 5분의 1로 되면 분자가 벽에 부딪칠 확률은 5배가 되고 더 나아가

PV 선도를 읽는 방법 ― 압축비를 높이면 열효율은 상승한다.

세로축에 실린더 내의 압력(P)을, 가로축에 실린더 내 체적(V)을 그린 그래프를 일반적으로 「PV 선도」라고 부른다. 이 그래프는 엔진의 특성을 매우 솔직하게 말해준다. 흡기 행정에서 피스톤이 예혼합기에 한 일의 양은 「1/X_0/X_1/2」의 4점으로 둘러싸인 면적이고 그것을 연소시킨 결과의 팽창 행정에서의 연소가스가 피스톤에 한 일의 양은 「4/X_0/X_1/3」의 4점으로 둘러싸인 면적이다. 후자(後者)에서 전자(前者)를 빼면 혼합기가 한 일(피스톤이 받아들인 일)이 되고 이것이 「1/2/3/4」로 둘러싸인 부분의 면적 즉 그래프 안에서 착색된 부분의 면적이다. 압축비를 높게 하면 피스톤은 X_0에서 X_2 까지 움직인다. 더욱더 압축비를 높게 하면 X_3까지 움직인다. 그 만큼 피스톤이 받아들이는 일의 양이 증가된다.

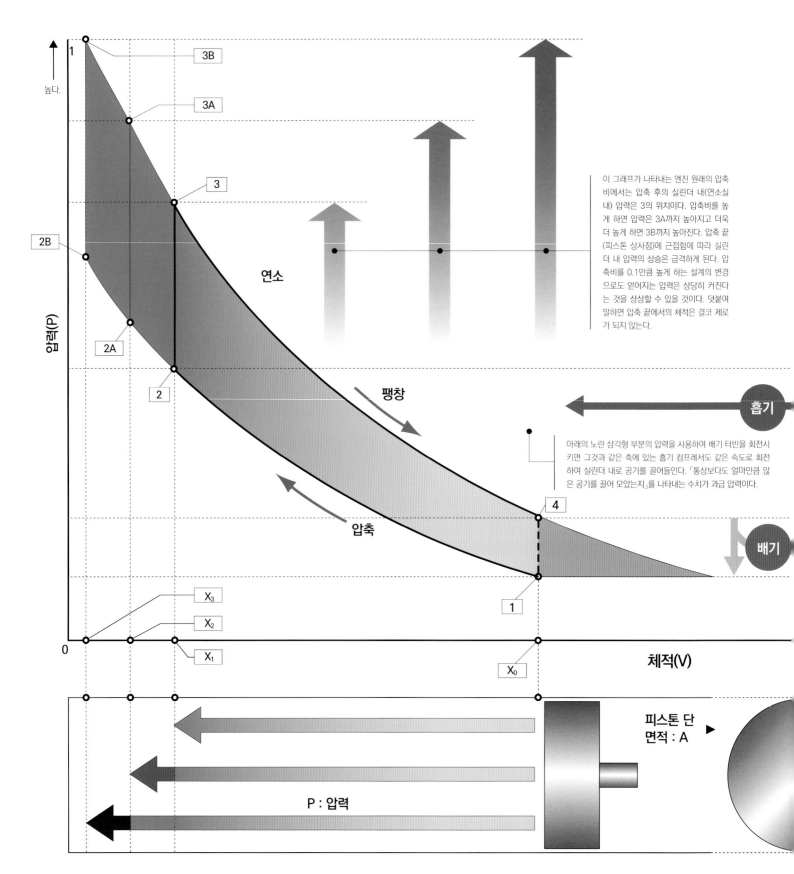

이 그래프가 나타내는 엔진 원래의 압축비에서는 압축 후의 실린더 내(연소실 내) 압력은 3의 위치이다. 압축비를 높게 하면 압력은 3A까지 높아지고 더욱더 높게 하면 3B까지 높아진다. 압축 끝(피스톤 상사점)에 근접함에 따라 실린더 내 압력의 상승은 급격하게 된다. 압축비를 0.1만큼 높게 하는 설계의 변경으로도 얻어지는 압력은 상당히 커진다는 것을 상상할 수 있을 것이다. 덧붙여 말하면 압축 끝에서의 체적은 결코 제로가 되지 않는다.

아래의 노란 삼각형 부분의 압력을 사용하여 배기 터빈을 회전시키면 그것과 같은 축에 있는 흡기 컴프레서도 같은 속도로 회전하여 실린더 내로 공기를 끌어들인다. 「통상보다도 얼마만큼 많은 공기를 끌어 모았는지」를 나타내는 수치가 과급 압력이다.

는 분자의 스피드도 증가하여 부딪치는 빈도는 더욱 증가한다. 여기저기의 벽에 부딪치고 분자끼리도 부딪치며, 언제나 에너지는 교환되지만 각 분자가 $1/2mv^2$으로 에너지를 저장하는데 전체 분자 에너지의 합계가 전체 에너지의 양이 된다.」

에너지의 교환이란 분자가 실린더 내의 벽이나 다른 분자와 부딪칠 때 충돌에너지를 주거나 받거나 하는 것이다. 신소(O₂)나 질소(N₂) 분자는 진동에너지로서 저장하며, 이산화탄소(CO₂)와 같이 큰 분자는 덧붙여 회전에너지로서도 저장한다고 알려져 있다. 「분자가 에너지를 저장해가면 분자의 온도기 상승된다. 아래의 PV 신도에서 나타낸 『1』에서 『2』로의 압력 상승은 100명이 가두어진 방이 점점 좁아져 갈 때의 내부의 모습과 같으며, 여기에 온도도 상승한다. 그리고 PV

선도의 『2』에서 『3』으로는 피스톤이 움직이지 않더라도 발열에 의하여 실린더의 압력이 단숨에 높아진다. 실린더 내부에서 불을 태워도 좋고 밖으로부터 열을 주어도 좋다.」 밖으로부터 열을 주어 실린더 내부의 가스를 팽창시키는「외연 기관」이 스털링 엔진(Stirling engine)이다.

「발열은 실린더 내의 가스 압력을 상승시킨다. 내연기관에서는 피스톤의 상사점 부근에서 거의 체적이 일정하게 되어 있는 사이에 화학반응에 의한 열이 가해지므로 분자가 어지럽게 날아가는 속도는 더욱더 빨라진다. 이때는 조금 전의 탁구공과 탁구대와 같은『역학적인 반동』으로 에너지를 축적하는 것이 아니라 화학반응에 의해 강제저으로 에너지를 줄 수 있다.」 덧붙이자면, 실린더 내의 혼합기를「온도와 압력」으로 관찰하여도「분자가 날아다니는 속도」로 관측하여도 전체

의 에너지를 계산하면 답은 일치한다고 한다.

「그러면, 연소이다. 연료의 분자는 탄소와 수소가 여러 개 이어진 것이 기본형이지만 혼합기가 피스톤의 상승에 의한 압축으로 고온이 되면 연료 분자를 구성하는 분자가 진동하여 분해하기 쉬워진다. 게다가 스파크 점화로 더욱더 높은 에너지를 주면 그것이 계기로 연료 분자의 붕괴가 시작된다. 예를 들면 연료가 4개의 탄소원자(C)와 10개의 수소분자(H)라고 한다면 혼합기 중의 산소분자(O₂)와 반응하여 CO₂(이산화탄소)와 H₂O(물)가 된다. 원래 1개의 연료 분자이었던 것이 화학반응이라는 재편성에 의하여 분자 수가 증가되면 제편성 시에 발생하는 얼로 전체의 에너지 량이 증가된다. 이것이 연소이다.」

그러면 같은 실린더 체적의 엔진에서 압축비를 상승시키면

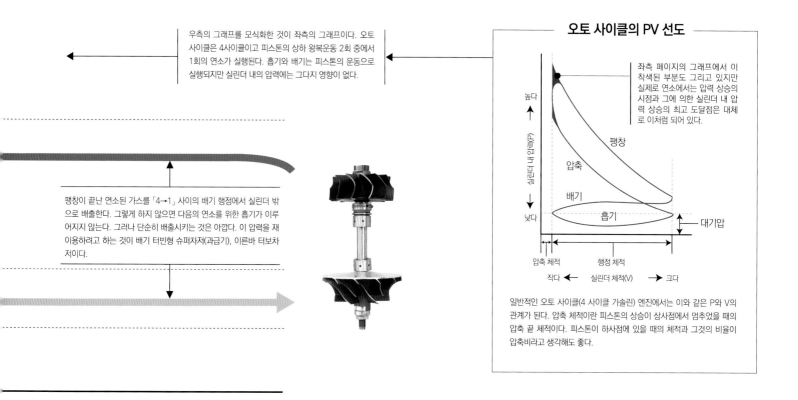

우측의 그래프를 모식화한 것이 좌측의 그래프이다. 오토 사이클은 4사이클이고 피스톤의 상하 왕복운동 2회 중에서 1회의 연소가 실행된다. 흡기와 배기는 피스톤의 운동으로 실행되지만 실린더 내의 압력에는 그다지 영향이 없다.

오토 사이클의 PV 선도

좌측 페이지의 그래프에서 이 착색된 부분도 그리고 있지만 실제로 연소에서는 압력 상승의 시점과 그에 의한 실린더 내 압력 상승의 최고 도달점은 대체로 이처럼 되어 있다.

높다 ← 압력/가스의 압력 (P) → 낮다

팽창
압축
배기
흡기
대기압

압축 체적
행정 체적
작다 ← 실린더 체적(V) → 크다

일반적인 오토 사이클(4 사이클 가솔린) 엔진에서는 이와 같은 P와 V의 관계가 된다. 압축 체적이란 피스톤의 상승이 상사점에서 멈추었을 때의 압축 끝 체적이다. 피스톤이 하사점에 있을 때의 체적과 그것의 비율이 압축비라고 생각해도 좋다.

팽창이 끝난 연소된 가스를 「4→1」 사이의 배기 행정에서 실린더 밖으로 배출한다. 그렇게 하지 않으면 다음의 연소를 위한 흡기가 이루어지지 않는다. 그러나 단순히 배출시키는 것은 아깝다. 이 압력을 재이용하려고 하는 것이 배기 터빈형 슈퍼차저(과급기), 이른바 터보차저이다.

PV 선도 상에서의 압축/연소/팽창

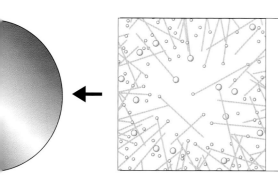

우측 그래프의 「2→3」에서 실행되는 연소는 좌측의 일러스트와 같이 분자의 활동이 매우 짧은 시간에 급격하게 상승하는 현상이다. 단숨에 속도가 빨라진 분자들이 피스톤 헤드에 차례차례로 기세 좋게 부딪치며, 피스톤을 밀어 내린다.

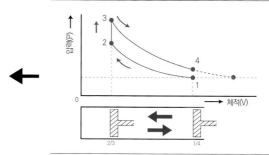

위의 PV 선도를 간소화하여 흡기와 배기를 생략하면 이렇게 된다. 이 사이 피스톤은 1회 왕복운동을 한다. 「2→3」은 실제의 피스톤 움직임과는 관계없으니 피스톤 측에서 본다면 「2→3」은 움직임이 제로인 것이다.

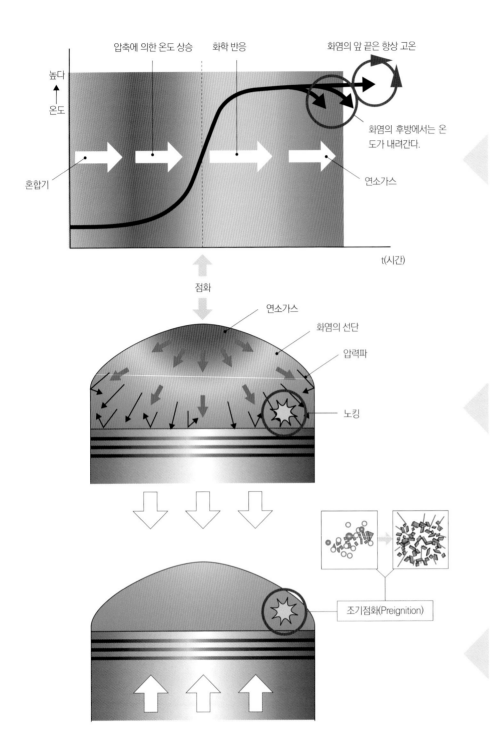

압축에 의한 온도 상승 　 화학 반응

화염의 앞 끝은 항상 고온

높다

온도

혼합기

화염의 후방에서는 온도가 내려간다.

연소가스

t(시간)

점화

연소가스

화염의 선단

압력파

노킹

조기점화(Preignition)

● 압축에서 연소 후까지의 온도 변화

　실린더 내의 혼합기가 압축되면 온도가 상승한다. 그 다음에 스파크 플러그에 의한 착화가 실행되고 화염이 미연가스(End Gas=착화한 측과는 반대 측 또는 전방에 있는 가스)로 전파되는 진행 과정에서 실린더 내의 온도가 어떻게 변화하는 지를 나타낸 그래프이다. 지금 바로 연소되고 있는 화학반응을 일으키고 있는 부분이 온도가 가장 높다. 오토 사이클에서는 화염이 전파되는 혼합기를 사용하고 있기 때문에 실린더 내 전체의 평균으로는 연소 중에 온도가 항상 높지만 연소를 끝낸 혼합기는 피스톤의 하강과 함께 온도가 내려간다.

● 화염이 도달하기 전에 자기착화

　압축 끝에서는 피스톤의 압축에 의하여 혼합기 온도가 이미 높아져 있으며, 그곳에 스파크 플러그로 점화가 되면 불이 착화된 부분은 더욱 온도가 높아진다. 착화하면 분자의 활동이 활발하게 되고 그 압력파가 화염의 전방까지 전해지며, 화염이 도달하는 것보다도 더 빨리 가스 끝부분에 착화되는 경우가 있다. 이것이 노킹이다. 팽창 행정에서 피스톤이 하강하고 있는 사이에 발생되기 때문에 엔진의 회전수가 높으면 발생되기 어렵다. 그러나 노킹이 발생된다면 점화시기를 늦추는 등의 대책을 세워야 한다.

● 스파크 플러그에서 스파크 전의 자기착화

　조기점화(Preignition) 혹은 Super Knock, Mega Knock라고도 불리는 자기착화 현상은 연소학적으로는 노킹과 같은 자기착화이다. 문제는 언제 발생할지 알기 어렵고 압축비가 높은 영역에서는 확률론적으로 어느 특정한 사이클에서 발생하며, 제어를 할 수가 없다는 것이다. 제어할 수 있는 노킹과는 여기가 다르다. 좌측의 그림은 압축 행정에서 발생하는 조기점화인데 아직 점화전인데도 발생한다. 그 이유는 몇 가지 생각할 수 있지만 무엇이 계기가 되고 있는지는 밝혀져 있지 않다.

어떻게 될까.

　「PV 선도에서 말하면 그것은 압축 체적을 작게 하는 것이다.(앞 페이지의 그래프에서)『3』의 위치까지만 상승하던 압력은 『3A』더 나아가서는 『3B』까지 상승한다. 그러면 피스톤이 받아들이는 일의 양은 커진다.」

　앞 페이지의 그래프에서 보면 압축비를 높여 피스톤의 상사점이 『X₁』에서 『X₂』의 위치로 변하면 『3/2/2A/3A』로 둘러싸인 부분의 면적만큼 연소가스가 피스톤에 주는 일의 양은

증가된다.

　「그래프의 커브를 보면 알 수 있듯이 점점 압축비를 높이면 압축 끝에서의 실린더 내의 체적이 점점 작아지는데 작아지면 작아질수록 압력의 상승은 커진다.」

　물론, 흡입된 혼합기에는 산소나 질소 및 연료 분자가 들어있기 때문에 체적을 제로로 할 수는 없다. 그러나 제로에 가까우면 가까울수록 압력은 급격하게 높아진다.

　「그것이 문제인 것이다. 압축 끝에서의 압력이 높으면 그것

을 연소시켰을 때의 압력도 높아진다. 그 높은 압력에서 피스톤을 되밀기 때문에 커넥팅 로드와 크랭크 샤프트도 튼튼하게 만들어야 한다. 그리고 승용자동차 엔진의 구조라면 피스톤의 상하운동을 회전운동으로 변환시키는 크랭크 기구와 피스톤이 직접 연결되어 있다. 피스톤이 연소의 압력을 받아서 하강할 때 연소 압력은 바로 아래로 전해지지만 커넥팅 로드는 비스듬히 되어 있기 때문에 가로 방향의 힘 즉, 측압(Thrust 또는 Side Force)이 발생한다.」

이 측압을 없애기 위해 선박용의 거대한 엔진에서는 크로스 헤드라고 불리는 연접기구가 사용되지만 자동차용 오토 사이클 엔진에서는 채용된 례가 없다. 엔진이 크고 무거워지기 때문이다. 그러므로 측압에 의하여 피스톤은 실린더로 강하게 밀착되어 마찰 손실(Friction loss)이 커지게 된다.

「어느 정도까지 압축비를 높게 할 것인가 그 하나는 마찰 손실과의 밸런스이고 다른 하나는 큰 문제는 압축온도가 극단적으로 상승하면 스파크 플러그 착화에 의한 화염이 도달하기 전에 부분적으로 제멋대로 연소가 이루어지거나 압축

점화의 관계를 더욱 검증하여야 된다는 의미이다. 현재, 옥탄가를 나타내는 지표는 모터 법에 의한 MON값과 리서치(research)법에 의한 RON값 두 가지 이다. MON은 혼합기를 압축하기 전의 초기 압력과 초기 온도의 조합으로 초기 온도가 높은 조건에서의 노킹이 발생되기 어려움을 대표하며, RON은 초기 온도가 높은 상태를 대표하고 있다. 자연흡기 엔진이라면 이래도 괜찮겠지만 현재의 고과급 엔진에 이 지표가 그대로 적합하다고는 생각하지 않는다. MON과 RON의 온도 조건에서 한층 벗어난 새로운 지표를 만드는 것이 요

에서 30℃ 정도인 것을 감안하면 메탄올을 사용하면 압축 끝의 온도가 크게 변하면서 압축비를 높게 할 수 있다. 연소실의 형상이나 다점 점화, 디젤과 같은 커먼레일 고압 분사와 포트 분사를 병용하는 등 압축비 상승을 위한 방법은 여러 가지가 있다고 생각하지만 그 중에 연료도 생각하여야 한다. 연료의 연구는 중요하다.」

압축비라는 장대한 테마로 일본의 내연기관 연구의 두뇌인 이이다 교수가 3시간 이상의 강의를 해 주었다. 그래프와 필자도 알 수 있을 정도의 적분의 수식과 개념 일러스트, 탁구

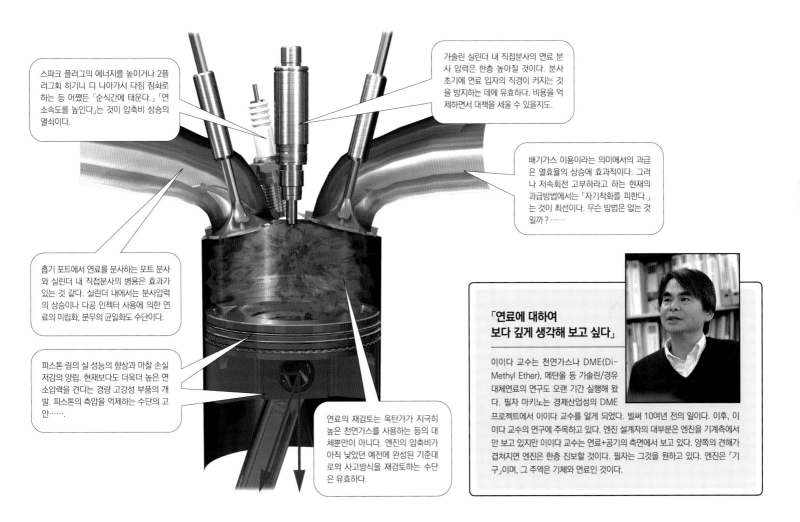

행정의 도중에 제멋대로 불이 붙거나 하는 곤란한 일이 발생된다. 그러므로 압축비는 어느 선 이상으로 높게 할 수가 없다.」

이것이 노킹과 조기점화(Preignition)이다. 모리요시 교수가 해설했던 「애물거리」이다.

압축비의 한계를 결정하는 3대 요소는 마찰 손실과 노킹 그리고 조기점화이며, 「사실은 연료도 큰 요소이다. 그것은 연료 자체를 교환하자는 것이 아니고 가솔린 성상과 조기

망된다. 조금이라도 조기점화에 강한 가솔린으로 마무리하는데 도움이 되겠다.」

역시 그렇다. 현재의 다운사이징 과급 엔진의 경우 지금까지 알려져 있던 MON과 RON의 자기착화의 상관관계를 재검토하는 것이 좋겠다. 라는 사고방식은 확실히 신선하다.

「미국의 Indy car 경주에서는 메탄올 연료를 사용하는데, 메탄올을 실린더 내 직접분사로 사용하면 기화잠열로 단숨에 110℃ 정도 혼합기의 온도가 내려간다. 가솔린 직접분사

공과 같은 「비유」와……지금까지 개운치 않았던 압축비에 관련된 의문은 상당히 얼음 녹듯이 풀렸다. 필자의 기사가 이이다 교수의 진의를 대변할 수 있을지는 별개로 하더라도 내연기관의 연구는 아직도 지금부터이고 그 다음에는 커다란 가능성이 있다는 것을 확실히 확인할 수 있었다.

감사합니다

압축비 13.5 ▶ NA 최고 수준

초 고속회전형 쇼트
행정 V12의 생생한 면목

Ferrari **F140**	V12+DI

Ferrari의 flagship인 F12 Berlinetta가 탑재하는 F140형 6.3리터 V12 엔진은 FF에 탑재된 당시에는 압축비가 12.3이었다. 이것만으로도 충분히 높은 압축비였지만 Top of Ferrari이기에 그것으로는 끝나지 않는다. 최대 분사압력 200bar인 직접분사 시스템, Rev limit(엔진 회전수 제한)이 8700rpm으로 특급 스펙을 자랑하고 있다. 전작 F133E(Ferrari 599탑재) V12 엔진은 포트 분사로 11.2이다. 직접분사화 하여 1.0을 더 높이는 것이 보통인데 F140에서는 2.10이나 높이고 있다.

엔진 형식 : V형 12기통 DOHC
총 행정체적 : 6262cc
내경×행정 : 94.0×75.2mm
체적비 : 13.5
최대 토크 : 690Nm/6000rpm
최고 출력 : 545kW/8250rpm
급기의 종류 : NA

엔진 형식 : V형 8기통 OHV
총 행정체적 : 4807cc
내경×행정 : 96.0×83.0mm
체적비 : 8.8
최대 토크 : 413Nm/4600rpm
최고 출력 : 225.2kW/5600rpm
급기의 종류 : NA

압축비 8.8 ▶ NA 최저

Heavy Duty에 철저한
OHV2V 유닛

GM **4.8리터 Vortec**	PFI+V8 OHV 2V

미국 일본 유럽의 카탈로그 모델에서 자연흡기 엔진의 최저 압축비는 Chevrolet silverado 등이 탑재하는 4.8리터 V8 엔진이다. GM Vortec 엔진 시리즈에서 최소배기량이며, 더욱이 단행정의 엔진이지만 자연 흡기 포트 분사, OHV, 2밸브라는 구성으로는 압축비를 높일 수 없을 것이다. 미국에서 Heavy Duty한 사용 방법을 고려한 뒤의 숫자이다. 단, 같은 Vortec V8 OHV 2밸브 엔진에서도 Chevrolet Camaro가 탑재한 6.2리터의 압축비는 10.7이다.

Column
_2
Compression Ratio

[시판 가솔린 엔진의 압축비]
7.8~14.0 압축비를 둘러싼 모험

자동차용 가솔린 엔진의 역사는 고압축비화의 역사이기도 하다.
하이 파워·높은 토크를 얻기 위하여 압축비를 높인다.
목적이 고효율화=연비의 개선으로 변화되었어도 고압축비를 지향하는 개발은 끝이 없다.
여기에서는 약간 숫자놀이를 해보기로 하자.

글 : MFi 사진 : Bentley/Ferrari/GM/SUBARU/MV Agusta

엔진의 고효율화(=연비 향상)를 위하여 지극히 보통의 자동차용 엔진에서 압축비가 10.0을 넘기 시작한 것은 그리 오래전의 이야기가 아니다. 고도의 전자제어 기술, 직접분사, 가변 밸브 타이밍 기구나 EGR 등을 구사하여 현재의 가솔린 엔진은 고압축비화가 되었다. 이 페이지에서는 현재의 가솔린 엔진의 라인업에서 몇 개의 특징적인 것을 집고 소개한다.

우선은 자연 흡기 엔진이다. 직접분사 엔진이 보급되기 이전에 압축비가 10을 넘는 엔진은 스포츠카 혹은 슈퍼 카용 유닛에 한정되어 있었다고 말해도 좋다. 예를 들면 1960년대 슈퍼 카의 대표 격인 Lamborghini Miura의 4리터 V12 엔진의 압축비는 10.4이다. Toyota 2000GT의 2리터 직렬6기통 엔진 MF 10형의 압축비가 8.4. Hakosuka GT-R(KPGC 10)의 2리터 직렬6기통 엔진 S20형이 9.5였던 것을 감안하면 당시의 10.4가 얼마나 높았었는지 알 수 있다.

1981년의 JAGUAR XJ-S가 탑재한 HE형 V12 엔진의 14.0(나중에 12.5로 변경)을 제외하면, 직접분사에 의하여 고압축비화가 가능하게 될 때까지는 그렇게 간단히 10의 벽을 넘을 수 없었다. 1990년 Honda

가 NSX에 탑재한 CA30A형 3리터 V6 엔진에서도 압축비는 10.2였던 것이다. 이 상황에서 직접분사를 무기로 가볍게 10을 넘어 보인 것이 1996년에 등장한 Mitsubishi GDI 엔진, 1.8리터 직렬 4기통 엔진 4G93형이다. 압축비는 12.0이었다. 자 그러면 과급 엔진은 어떨까?

터보 엔진은 자연 흡기 엔진의 압축비보다 1정도 낮다는 것이 일반적인 통념이었다. 초기의 터보 엔진인 BMW의 2002년 2리터 직렬 4기통 터보의 압축비는 6.9에 지나지 않았다. 1980년의 Toyota의 2리터 직렬 6기통 터보 1G-GTEU형의 압축비가 8.5이다. 1989년의 R32 Skyline GT-R의 2.6리터 직렬 6기통 터보의 압축비도 8.5였다. 여기에서도 직접분사로 고압축비 터보의 선구를 달렸던 것이 Mitsubishi다.

2000년 Pajero iO가 탑재한 세계최초의 직접분사 터보 엔진 4G63 터보의 압축비는 10.0이었다. 현재 자연 흡기의 최고 압축비는 Mazda SKYACTIV G의 14.0이며, 과급 엔진의 최고 압축비는 Nissan HR12DDR의 13.0이다. 자동차용 가솔린 엔진은 자연 흡기와 과급이 1.0의 간격을 유지한 채 미지의 고압축비에 대한 모험을 계속하고 있는 것이다.

엔진 형식 : V형 8기통 OHV
총 행정체적 : 6752cc
내경×행정 : 104.1×99.1mm
체적비 : 7.8
최대 토크 : 1020Nm/1750rpm
최고 출력 : 377kW/4200rpm
급기의 종류 : 터보

압축비 7.8 ▶ PFI 터보 최저

Bentley Mulsanne의 V8터보

Bentley **V8터보**	V8 OHV+PFI

포트 분사의 과급 엔진에서 현재 최저의 압축비는 이 Bentley Mulsanne용 6.8리터 V8 OHV 트윈 터보이며, 압축비는 7.80이다. OHV에서 2밸브이므로 이 압축비가 된 것이 아니라 최고급 자동차에 필요한(기호적으로도) 최대 토크를 내기 위해서는 어떻게 해야 할지를 생각한 후의 7.8일 것이다. 그 기호적인 숫자란 1020Nm을 말한다. 덧붙여 말하면 1250Nm을 자랑하는 Bugatti Veyron의 8리터 W16 Quad turbo의 압축비는 9.00이다.

엔진 형식 : 수평대향 4기통 DOHC
총 행정체적 : 1998cc
내경×행정 : 86.0×86.0mm
체적비 : 10.6
최대 토크 : 400Nm/2000~4800rpm
최고 출력 : 221kW/5600rpm
급기의 종류 : 터보

압축비 10.6 ▶ 직접분사 터보 최고

10.5의 벽을 넘어선 최신 BOXER DI 터보

Subaru **FA20DIT**	BOXER 4+DI

현재, 직접분사 터보의 압축비 천장은 10.5이다. VW의 1.4리터 TSI, BMW & PSA의 1.6리터 Prince, Porsche의 V8터보가 10.5이다. 이 10.5를 넘어 보인 것이 Subaru FA20DIT이다. 직접분사화된 신세대 수평대향 엔진에 트윈 스크롤/터보를 조합시켜서 10.6이라는 고압축비를 실현하고 있다. 기껏해야 0.1, 그래도 0.1. 시판되는 터보 엔진에서의 최고 압축비 칭호는 지금 Subaru에 있다. 덧붙이자면 WRX STI가 적재한 EJ20터보의 압축비가 8.0인데 비해 실제로 2.60이나 차이가 있는 것이다.

압축비 13.4 ▶ 모터사이클 최고

국산 슈퍼 스포츠를 넘어서는
MV Agusta

1리터 직렬4기통 DOH	MV Agusta F4RR

모터사이클의 슈퍼 스포츠용 엔진은 어떻게 되고 있을까? 현재 가장 압축비가 높은 것은 MV Agusta의 F4RR용 1리터 4기통 엔진이다. 초경량의 단조 피스톤, 티타늄 제품의 밸브, Marelli제품의 트윈 인젝터로 13.4라는 압축비를 실현하고 있다. 최고 출력은 13,400rpm에서 발생된다. 일본 메이커의 경우는? Honda CBR 1000RR이 12.3, Yamaha R1이 12.7이 되고 있다. 이 MV Agusta 엔진은 200ps/리터인 괴물 엔진이다.

엔진 형식 : 직렬 4기통 DOHC
총 행정체적 : 998cc
내경×행정 : 79.0×50.9mm
체적비 : 13.4
최대 토크 : 100.8Nm/9600rpm
최고 출력 : 143.5kW/13400rpm
급기의 종류 : NA

디젤 사이클

예전부터 오토사이클은 고압축비화가 과제였다. 그 하나의 수단으로서 최종적으로 압축비의 상승과 같은 효과를 얻을 수 있는 아트킨슨 사이클이 나왔다. 한편, 디젤 사이클은 압축비가 높은 상태가 지속되고 있다. 대형 상용차용의 배기량이 큰 디젤엔진은 물론 승용차용의 배기량이 적은 디젤에서도 18 부근이 당연시 되고있다. 고압축비에 의한 높은 연소압력이 악영향을 끼침에도 불구하고 낮추고 싶어도 낮출 수 없는 속사정이 있다.

2001 1CD-FTV
Compression Ratio
18.6

디젤 엔진의 연소과정

자기착화에 의하여 안정적으로 연소시키기 위해서는 압축에 의하여 상승하는 기체의 온도가 연료의 착화점을 확실하게 초과하여야 한다. 디젤 엔진에 사용하는 경유의 경우 250˚C이다. 커먼레일 시스템의 도입에 의하여 초고압으로 연료를 분사할 수 있게 됨과 동시에 분사시기와 분사시간을 자유로이 제어할 수 있게 되었다. 이 때문에 저온 시동성이 개선되었고 이로 인해 끌려가던 압축비의 설정을 낮출 수 있게 되었다.

2005 2AD-FTV
Compression Ratio
15.7

STUDY 　　001

왜 디젤 사이클은

압축비를 낮추려는 것일까?

열효율을 향상시키는 효과적인 방법은 압축비를 높이는 것이다. 이러한 생각이 들어맞는 것은 가솔린 엔진에 대해서이며, 디젤에서는 맞지 않는다.
디젤 엔진의 경우는 이제까지 계속해서 효율상 최적이라고 생각되는 압축비를 초과하는 상태로 있었기 때문이다.
효율향상의 관점뿐만 아니라 배기가스 성능향상의 관점에서도 디젤은 「14」를 목표로 하여 압축비를 낮추고자 하는 것이다.

글 : 세라 코타(世良耕太)　그림 : Toyota/Bosch

자기 착화성과 예혼합 연소의 균형

자기 착화성을 확보하기 위해서도 어느 정도의 압축비는 필요하지만 저온 시동성의 문제만 해결할 수 있다면 최적의 수치까지 압축비를 낮추고 싶다. 그렇게 하면 연료 분사로부터 자기 착화할 때까지의 시간이 길어지며, 착화할 때까지 그 사이의 시간에 공기와 연료가 혼합하여 균일하게 되고 예혼합 압축착화 연소(PCCI)가 된다. 연료와 공기(새로운 공기+EGR)의 혼합이 이루어지고 있기 때문에 국소적으로 밀도가 높아지는 곳도 없고 NOx도 발생되지 않으며, 매연도 발생되지 않는다. 단, 연소는 급속하게 이루어지기 때문에 큰 소리가 나온다.

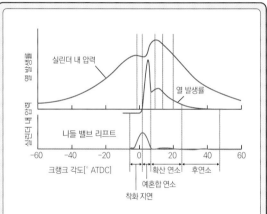

디젤 엔진의 연소과정

크랭크축의 회전각도와 발생하는 열량 및 실린더 내의 압력을 나타내는 그래프이다. 착화전의 열 발생율이 마이너스인 것은 연료의 기화 잠열로 온도가 낮아지기 때문이다. 열 발생이 플러스로 된 점이 착화점이며, 착화하면 단숨에 격렬하게 연소한다. 이것이 예혼합 연소이다. 그 사이에도 연료의 분사가 계속되고 있으며, 이것이 순차적으로 연소하여 확산연소가 된다.

(출처 : 스즈끼 타카유기(鈴木孝亨) : 디젤엔진의 철저연구, P24, 그랑프리 출판, 2012)

디젤 엔진은 고온고압으로 된 연소실에 연료를 분사하는 것으로 자기착화를 발생시켜 에너지를 얻고 있다. 고온고압으로 하기 위해서는 어느 정도 압축비를 높일 필요가 있고 이론적으로 압축비를 높이는 것이 열효율이 높아진다. 그러나 디젤 엔진은 압축비를 낮추고 싶어 하는 경향으로 되고 있다. 압축비가 높아짐에 따라 냉각손실이 증가되고 열효율은 저하되기 때문에 14 주변이 최적의 수치이다. Mazda의 SKYACTIV D가 등장하기 이전에는 압축비 16~18이 일반적이었다. 14가 최적이라면 낮추는 것이 좋겠지만 낮출 수 없는 사정이 있었던 것이다.

압축비를 낮추고자 하는 이유는 열효율의 관점 이외에도 NOx와 매연의 발생이다. 압축비가 높기 때문에 갑자기 착화되고 연료에 대하여 공기의 양이 작은(당량비가 작은) 상태가 되면 NOx가 발생하며, 국소적으로 산소가 부족한 상태에서 연소가 이루어지면 매연이 발생한다. 이렇게 좋지 않은 물질의 발생을 방지하기 위해서라도 압축비를 낮추어 혼합기가 균일하게 되는 시간을 확보하고 싶은 것이다.

낮추고 싶지만 낮출 수 없었던 이유는 저온 시동성을 확보할 수 없기 때문이었다. 착화성을 확보하기 위해서라도 저온시동 후의 HC의 발생을 억제하기 위해서라도 압축비를 높여서 온도를 높이는 수밖에 방법이 없었던 것이다. 그것이 커먼레일의 보급에 의한 연소압력의 상승에 의해 20 이상이었던 압축비를 16~18까지 낮출 수 있게 되었다. 그것이 최대한이었던 것이 최근 연소실의 온도를 높이는 방법이 개발됨에 따라 한층 더 저압축화가 진행하게 된 것이다.

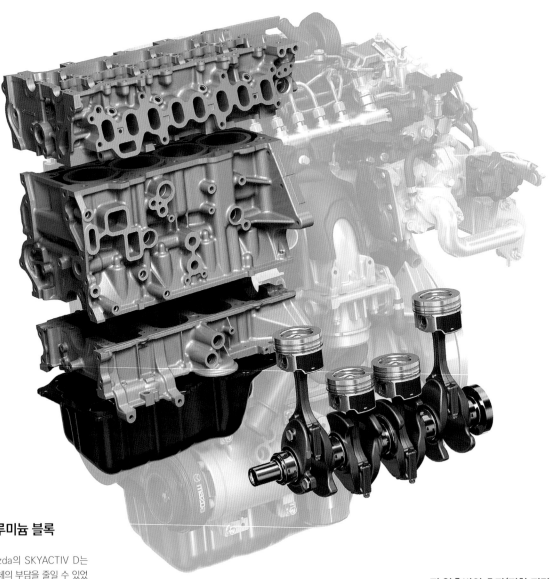

SKYACTIV D의 알루미늄 블록

압축비 14.0을 달성한 Mazda의 SKYACTIV D는 Pmax가 내려감에 따라 구조체의 부담을 줄일 수 있었다. 실린더 블록을 알루미늄제로 함으로써 종래에 대비하여 25kg의 경량화를 실현하였다. 실린더 헤드를 얇게 만들고 배기 매니폴드와 일체화시킴으로써 3kg을 경량화를 실현하였으며, 피스톤 자체의 중량은 25% 저감하였다. 그리고 크랭크샤프트는 메인 저널의 직경을 60mm에서 56mm로 사이즈 다운하는 등 25%의 경량화를 실현하고 있다.

압축비 16.3인 종래형 2.2리터 직렬4기통 디젤과 압축비 14.0인 SKYACTIV D(2.2리터 직렬4기통)의 기계저항, 즉 마찰(Friction)을 비교한 그래프이다. 회전수의 상승에 따라서 저항의 차이에 격차가 생기는 모습을 알 수 있다. 저압축비는 마찰을 저감시켜 그만큼의 연비를 향상시키는 포텐셜을 갖추고 있는 것을 알 수 있다.

저 압축비의 효과(저항 저감)

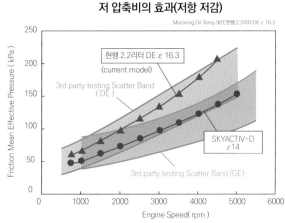

Motorring,Oil Temp.90℃현행 2.2리터 DE ε 16.3

현행 2.2리터 DE ε 16.3 (current model)

3rd party testing Scatter Band (DE)

SKYACTIV-D ε 14

3rd party testing Scatter Band (GE)

압축비를 낮추면

얻어지는 장점

압축비를 낮추면 실린더 내의 최대 연소압력이 낮아지기 때문에 힘을 받는 실린더 블록이나 크랭크샤프트를 가볍게 할 수가 있다.
커다란 힘을 받지 않아도 되기 때문에 리시프로케이팅 엔진 계열의 접촉 면적도 감소되어 마찰을 줄일 수 있다.
그러나 저압축화에 의한 가장 큰 효과는 NOx나 매연의 발생을 억제할 수 있다는 것이다.

글 : 세라 코타(世良耕太)   그림 : Mazda/Nissan/Mitsubishi Motors/Mitsubishi Fuso Truck & Bus

시동 직후의 NOx 절감 기술

저온시동 시에는 압축온도가 낮기 때문에 압축비를 낮게 하면 시동성이 악화되어 HC(즉 백연)의 배출량이 증가하는 문제가 발생된다. 이 상태가 되는 것을 피하기 위하여 이제까지는 압축비가 높은 상태로 있었다. HC를 발생하지 않기 위해서는 압축비를 높여서 고온고압의 상태를 만들 수밖에 없었던 것이다. 그러나 여러 가지의 디바이스나 아이디어에 의하여 압축비를 낮게 한 상태에서도 저온 시동성을 확보할 수 있게 되었다.

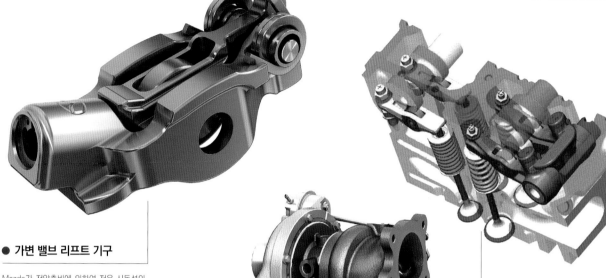

● 린 NOx 트랩(Lean NOx Trap) 촉매

일본의 엄격한 NOx의 규제를 클리어하기 위한 후처리 장치이다. 연소후의 잔존 산소가 많은 린 상태에서는 트랩 층에 NOx를 흡착. 흡착한 NOx가 일정량에 도달하면 리치 스파이크를 실행하는 것으로 연료에서 환원제를 발생시키고 인체에 무해한 물질로 환원하여 정화한다. SKYACTIV D는 PCCI 연소에 의하여 NOx가 발생하지 않으므로 NOx 촉매는 필요가 없다.

● 가변 밸브 리프트 기구

Mazda가 저압축비에 의하여 저온 시동성의 과제를 극복한 방법은 배기 밸브 리프트 기구를 이용하여 뜨거운 배기가스를 실린더 내로 역류시키는 것이다. 한 번 연소가 이루어지면 배기가스의 온도는 높아진다. 그리고 흡기 행정 중에 배기 밸브를 조금 열어서 배기 포트 내의 뜨거운 잔류가스를 역류시켜 착화의 안정성을 도모하는 것이다.

● 가변 밸브 리프트/ 타이밍 기구

Mitsubishi가 압축비 14.9의 4N1계 디젤을 개발함에 있어서 저온 시동성의 과제를 극복하기 위해 사용한 것은 흡기 밸브가 빨리 닫힘에 의한 유효압축비의 향상이었다. 카탈로그 수치 이상으로 압축비가 높아지므로 연소실은 고온고압으로 되어 착화성이 유지된다는 것이다. 고속 모드에서는 고 리프트로 하여 맥동효과를 활용하고 출력향상을 꾀한다. 일본 내 판매자동차 사양에는 저속 측 고정 캠만을 탑재한다.

● 2 스테이지 터보

Mazda의 SKYACTIV D는 크고 작은 2기의 터보차저를 운전 영역에 따라 구분하여 사용하는 2스테이지 터보를 채용한다. 토크의 증강에 이용하는 목적도 물론이지만 특히 저압 측의 작은 터보는 PCCI 연소에 필요한 공기를 공급할 목적으로 사용한다. 공기가 들어가면 PCCI 연료 영역을 확장할 수 있어 NOx가 발생하지 않고 공기가 들어가는 만큼 연료를 분사할 수 있으므로 토크(Torque)를 얻을 수 있다.

● 요소(尿素) SCR 시스템

린 NOx 촉매와 마찬가지로 후처리 장치의 하나이다. 요소수(암모니아)를 배기로 내뿜어 NOx를 선택적으로 환원시킨다. 암모니아 자체를 탑재할 수는 없으므로 암모니아를 순수하게 용해시킨 요소수(尿素水)의 상태로 탑재한다. 정기적으로 보충할 필요가 있다. Mercedes Benz는「Blue Tech」란 명칭을 사용한다.

압축비를 낮게 함으로써 얻어지는 장점은 여러 개 있으며, 잘 알려진 것이 경량화 할 수 있다는 것이다. 압축비를 낮게 하면 실린더 내의 최대 연소압력(Pmax)이 낮아진다. Pmax가 낮아지면 큰 힘을 받지 않아도 되기 때문에 주철의 실린더 블록을 알루미늄 다이캐스트제로 하는 등 큰 폭의 경량화를 도모할 수 있다. 피스톤이나 커넥팅 로드, 크랭크샤프트도 마찬가지이다. 움직이는 부품이 가벼워지므로 기계 저항의 절감을 도모할 수도 있다.

Pmax가 낮아지기 때문에 내려간 만큼을 비출력의 향상에 사용하는 것도 가능하며, 엔진의 한계는 Pmax와 배기가스의 온도로 결정된다. 점화를 진각하면 Pmax가 상승하여 기계적인 한계가 온다. 그래서 점화를 지각(Retard)시키면 이번에는 배기가스의 온도가 상승되어 촉매에 한계가 오며, 압축비를 낮추면 Pmax가 낮아지기 때문에 그 만큼의 진각을 할 수 있다. 진각을 하면 배기가스의 온도가 낮아지기 때문에 조금 더 과급압력을 높일 수 있다. 그러면 비출력이 높아지는 순서이다.

그러나 본 책에서 친숙한 하타무라 코이치 박사의 말에 따르면 Pmax의 저하에 의한 경량화나 기계적인 저항의 저감은 저압축화한 것에 따른 효과의 「덤」으로 배기가스의 성능이 좋아지는 것이 압도적으로 중요하다고 역설한다. 저압축화하면 자기착화 할 때까지의 시간이 소요되기 때문에 혼합기가 균일하게 될 때까지의 여유가 생긴다. 그 상태에서 불이 점화되면 한꺼번에 연소(예혼합 압축착화연소)하며, NOx도 매연도 발생되지 않는다. 방법에 따라서는 NOx 촉매를 생략하는 것도 가능하다. 가벼워지고 연비가 좋아지며, 출력도 발생하고 NOx나 매연도 나오지 않는다. 저압축비화는 좋은 점 투성이다.

최신의 유닛 소개

자동차의 고효율화를 도모하는 방법의 큰 요소가 엔진이다. 최근에 등장한 많은 자동차가 여러 가지 방법을 사용하여 저연비 고효율을 실현하여 왔다. 여기에서 다루게 될 것은 카탈로그 표기상에서 「압축비」 수치에 특징이 있는 최신 엔진이다. 추구해야 할 것은 높은 팽창비로 높은 열효율을 획득하는 것이지만 그 지표로서의 「압축비=체적비」 의의는 커지고 있다. 어떠한 방법으로 수치를 높인 것인가? 높은 수치는 무엇을 초래하고 있는 것인가?

Specifications

형식(型式) : 2AR-FSE
형식(形式) : 직렬4기통 DOHC
총 행정체적 : 2493cc
내경×행정 : 90.0×98.0mm
체적비 : 13.0
최대 토크 : 221Nm/4200~4800rpm
최고 출력 : 131kW/6000rpm
연료 공급 : DI/PFI
급기 방법 : NA

● 아트킨슨 사이클((Atkinson Cycle)

소위 말하는 4사이클이지만 특히 팽창비를 압축비보다도 크게 하는 것을 이렇게 부른다. 1886년 영국의 James Atkinson 에 의하여 고안되어 그 다음해에 실제로 기계가 1000기 이상 제작되었다. 그 아트킨슨 엔진은 2개의 커넥팅 로드와 토글 레버 (toggle lever)를 사용하는 복잡한 메커니즘의 구성이었다. 그러나 1945년에 미국의 Ralph Miller가 흡기 밸브의 개폐시기를 바 꿈으로써 사실상 압축비를 팽창비보다 낮게 하는 엔진을 발명하였다. 현재는 후자의 방법에 의한 실현이 태반이다. Nissan이나 Mazda는 그 사이클을 밀러라고 부르지만 Toyota는 아트킨슨이라고 부르고 있다

	2AR-FSE	2AR-FXE
체적비	13.0	12.5
연료 공급	DI/FPI	PFI
최대 토크	221Nm/4200rpm	213Nm/4500rpm
최고 출력	131kW/6000rpm	118kW/5700rpm
흡기 밸브 열림시기	상사점 전 35°~상사점 후 15°	상사점 전 27°~상사점 후 23°
흡기 밸브 닫힘시기	하사점 후 55°~하사점 후 105°	하사점 후 53°~하사점 후 103°
작용각	270°	260°
배기밸브 열림시기	하사점 전 54°~하사점 전 14°	하사점 전 35°
배기밸브 닫힘시기	상사점 0°~상사점 후 40°	상사점 후 9°
작용각	234°	224°

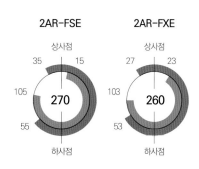

Toyota **2AR-FSE** for CROWN

Toyota 신형 CROWN이 하이브리드 사양에 선택한 것은 4기통 2.5리터 엔진이었다.
THS(Toyota Hybrid System)와 조립시킨 이 유닛의 특징을 엔지니어에게 물어 보았다.
글 : 사와무라 신타로(沢村愼太郞)   그림 : Toyota/MFi

COMPRESSION RATIO 13

최대 열효율의 지향을 목표로 내걸고 Toyota가 개발한 최신 엔진이 2AR-FSE이며, 그들이 목표로 하는 정격 열효율은 38.5%이다. 그것은 승용차용 디젤엔진에서도 우수한 부류에 들 어가는 수치이다.

형식명을 보면 알 수 있듯이 이 직렬 4기통은 2011년 여름에 등장한 현행 Camry가 탑재한 2AR-FXE와 같은 계열로 Toyota류 아트킨슨 사이클로 운전하고 THS식 하이브리드 원동기 (原動機)로서 사용되는 점도 또한 같다. 배기량과 내경×행정의 치수도 동일하지만 큰 차이점 이 있다. 2AR-FXE가 포트분사인 것에 대하여 2AR-FSE는 Toyota가 D-4S라고 부르는 포 트분사+실린더 내 직접분사 병용방식의 최신형이다. 당연히 직접분사화에 의한 연소의 개 선 효과가 있으며, 체적비는 2AR-FXE의 12.5에서 13으로 향상되어 있다. 이 숫자만을 보면 Mazda의 Demio용 SKYACTIV·G1.3과 14에 하사시킨 내경 71mm인 SKYACTIV·G1.3에 대해 2AR-FSE가 내경 90mm라는 훨씬 큰 실린더 내경을 갖는 것을 고려하면 충분히 뛰어난 것이고 SKYACTIV·G에서도 내경 89mm인 Atenza용 SKYACTIV·G2.5는 체적비가 동일한 13이 된다. 레귤러 가스를 사용하는 2리터 초과 직렬4기통에서는 톱클래스인 것이다.

그 체적비 13을 달성하기 위하여 쌓아올린 요소의 기술을 살펴보자. 애초에 기존의 엔진과 비교해서 하이브리드용의 원동기는 가령 저속회전 고부하 등에서의 노킹에 의한 힘든 조건을 배제하면 비교적 편안한 영역에서 운전하기 때문에 압축비를 공략하기 쉽다. 그리고 아트킨슨 사이클 운전은 보통의 사례대로 흡기 밸브를 늦게 닫음에 의한 것이지만 이것을 정밀하게 관 리하기 위하여 캠 비틀림 방식의 연속가변 밸브타이밍 기구(Toyota 호칭 VVT-i)가 최대 지각 41°의 Prius용 2ZR-FXE에서 Camry용 2AR-FXE의 45°로 증가되어 있다.

이에 대하여 2AR-FSE에서 두드러진 점으로는 우선 직접분사화와 VVT-i의 흡배기 듀얼 화라는 효과가 있으며, 그에 따르는 세부적인 면에서 진화도 이루어지고 있다. 가령 운전상황 을 한정할 수 있는 이점을 이용하여 텀블류를 만들어내기 위해 흡기 포트의 형상을 좁힌 것이 다. Toyota의 같은 직접분사 엔진이라도 2005년에 양산을 개시한 제 1세대인 D-4S 시스템

에서는 최고출력을 위하여 텀블 아닌 유량을 우선시하고 있었지만 이쪽은 연소의 개선을 취지 로 형상을 최적화하였다고 한다. 덧붙이자면 직접분사 인젝터는 Toyota 최신세대 것들과 같 이 세계 톱클래스의 최대 연소압력 20MPa급을 사용하지만 그 분사 각도는 텀블류에 맞도록 최적화되고 분공 자체도 종래의 세로 double slit(2중 슬릿)형이라고 불리는 것으로부터 팬 슬 릿(Fan slit)형으로 전환되었다. 이 새로운 분공의 형상은 분무의 막힘을 없애고 유속을 높이는 것에도 기여하고 있으며, 이에 따라 직접분사가 한결같이 안고 있던 디포짓(Deposit)의 퇴적이 라는 고질적인 문제에 대해서도 장점이 많다고 한다.

아트킨슨 사이클 운전을 담당하는 밸브 개폐시기도 듀얼화로 별표와 같이 변경이 되었으며, 흡기 캠의 작용각 자체도 260°에서 270°로 커졌다. 이렇게 하여 달성한 체적비 13에 대하여 늦게 닫는 아트킨슨 사이클에 따라 실효가 있는 압축비는 그것보다도 훨씬 낮은 점에서 운전되 는 것이지만 그 숫자는 엔진 설계부 제2 가솔린 엔진 설계실 그룹장인 야마나리 켄지에 의하면 가장 힘든 상황에서라면 10 이하로 낮아진다고 한다.

덧붙여 말하면 체적비 13이라는 것이 현재 Toyota의 최고 도달점은 아니라는 것도 야마나 리 그룹장은 분명히 말하고 있다. 애초에 2AR- FXE는 체적비의 숫자가 아니라 정격 열효율 38.5%를 목표로 개발이 신행뇌었고 거기에 차량 측에서의 요구조건이 합쳐져서 결과적으로 이러한 형상의 엔진이 된 것이며, 백지로부터 설계한다면 조금 더 다른 선택도 있었다고 한다. 예를 들면, 열효율만을 생각하면 내경이 훨씬 작은 것이 좋다는 것은 자명하지만 직접분사의 경우 내경이 너무 작으면 분무 상태가 이상으로부터 멀어지기 시작한다는 이율배반이 있으며, 연소실의 실험 단계에서는 내경이 90mm보다 작은 내경이 이상에 가까웠다고 한다.

그러나 그렇게 하면 행정이 증가되어 엔진 전체의 높이가 높아지고 차량의 탑재성에 어려움 이 생긴다. 그러한 제약 하에서 90×98mm라는 선택이 되었다고 한다. 그리고 Crown 이외의 차종에 탑재하여 유통되는 가솔린의 질이 좋지 않은 나라로 수출할 경우를 고려하여 그 방면 에서의 내 노킹성의 마진도 넉넉하게 어림잡아 설정되어 있다고 한다.

Toyota가 그리는 로드맵의 최종 도달지점은 흡기 밸브를 늦게 닫는 것이 아니라 기계적인 장 치에 의한 가변 압축비라고 한다. 그것을 지향하면서 체적비의 목표를 현재의 매직넘버인 14로 한정하지 않고 개발은 진행되고 있다고 한다.

Front View

■ D-4S

Toyota의 가솔린 직접분사는 1990년대에 성층 연소에 의한 lean burn운전을 주안으로 한 D4에서 시작된다. 이것이 2005년에 포트 분사와 실린더 내 분사의 2개의 인젝터를 갖고 이론 공연비(stoichiometric ratio) 운전을 하는 D-4S로 대체된다. 그 최신 세대가 2AR-FSE에 투입된 시스템이다. 86, Lexus GS 하이브리드로 이어지는데 이것이 3개 차종목(車種目)이다.

■ 밸브 레이아웃

밸브 협각은 2AZ일 때의 27.5°에서 31.5°로 증가하였다. 흡기측 스윙 암이 내측에 배치되는 것은 인젝터를 피하기 위해서이다. 냉각수 통로는 연소실을 냉각시키는 것과 배기 밸브를 냉각시키는 것의 2계통으로 나뉘고 이상적인 온도관리를 지향했다

■ 실린더 블록

보어 피치 97mm의 알루미늄 다이캐스트(주철 습식 라이너 주조품)라는 점에서는 Camry용 2AR-FXE와 같지만 마운트 보스(Mount boss)의 차와 진동음의 요건에서 실린더 블록은 완전히 다르게 설계가 되었다. Crown의 진동음의 요구 레벨이 높았기 때문이다.

■ 오프셋(Offset) 크랭크

Toyota는 직렬 엔진에서 크랭크 샤프트의 오프셋 배치를 채용하는 것이 보통의 예가 되었다. 이것은 피스톤을 미는 연소 압력이 가장 높아지는 상사점 후쯤의 시기에서 커넥팅 로드를 가능한 한 수직으로 유지하려고 하는 설계이다. 수직에 가까울수록 피스톤 측압의 비율이 감소하여 마찰 손실과 소음도 줄일 수 있다. 2AR-FSE에서는 10mm 오프셋이다.

■ 밸런스 샤프트

2리터를 넘는 직렬 4기통으로 말미암아 2차 진동이 크기 때문에 그 해소를 목적으로 실린더 블록 아래에 서로 역회전하는 2개의 밸런스 샤프트를 설치한다. 비병행 배치인 Mitsubishi(=Lanchester)식이 아니고 평행배치 란체스터 식이다. 이로 인하여 근소한 연비율의 악화가 있었을 것이다.

D-4S

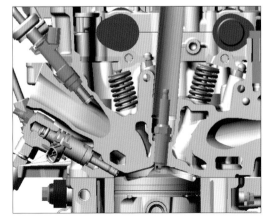

자기(自己) 윤활성이 있는 경유와 달리 가솔린에는 그것이 없으며, 직접분사 인젝터에서는 높은 연소 압력이 요구되기 때문에 제 2세대 D-4S의 최대 연소 압력은 20MPa이다. Volkswagen의 15MPa보다 높으며, BMW나 Fiat와 나란히 세계 최대급이다. 한층 더 미세한 분무를 목표로 하여 차세대에서는 더욱 향상될 것이다.

고압 펌프

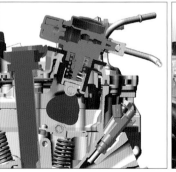 

고압을 발생하는 가솔린 직접분사용의 연료펌프는 예전부터 그 작동음도 높아 당초의 D4 세대에서라면 선대(先代)의 Avensis 등 방음이 철저하지 않았던 차량이라면 실내에서도 들을 수 있는 정도였지만 현 세대에서는 그곳에도 개선에 의해 그 소음이 거의 들리지 않을 정도로 억제되었다.

Left View

■ Dual VVT-i

Camry용의 2AR-FXE에서는 연속 가변 밸브 타이밍 기구는 흡기 측에만 설정되어 있으며, 이로써 밸브가 늦게 닫히는 아트킨슨 사이클 운전을 실현하고 있다. 그러나 2AR-FSE에서는 그것이 배기 측에도 장착되는 Dual VVT-i로 되어 세팅에 대한 자유도가 높아졌다.

■ 흡기 계통

헤드 주변의 설계를 가로 배치형인 2AR-FXE에 배치시켰기 때문에 세로로 배치화하여 우측에 흡기 계통이 설치되었다. 또한 Crown 엔진 compartment에 사정이 생겨 에어클리너로부터의 거리가 나오지 않아 흡기 계통의 설계에 많은 신경을 쓸 필요가 있었다고 한다.

■ 스트레치 벨트(Stretch belt)

THS이기 때문에 올터네이터(Alternator)에는 필요가 없으며, 공조용 컴프레서나 조향계통의 어시스트도 전동화 하였다. 크랭크샤프트에서 벨트로 구동하는 것은 물 펌프만 남았다. 그 구동 벨트에는 고탄성 벨트를 사용하며, 불가피하게 마찰이 발생하는 텐셔너(Tensioner)는 없앴다.

■ 보어 피치(Bore pitch)

AR계 유닛은 AZ계에서 발전한 것으로 보어 피치도 같은 97mm를 답습하고 있다. Toyota는 실린더 블록을 주조에서 가공까지를 자사 내에서 모두 실시하기 때문에 공작기계의 교체가 필요하게 되는 보어 피치를 변경하기 어려운 경향이 있다.

쿨드 EGR

예전에 NOx 저감을 위한 기술이었던 EGR(배기 재순환)은 펌핑 로스의 저감과 비열비의 향상이라는 의미에서 최근의 고효율 엔진에서는 필수의 방법이 되었다. GS450h는 내부 EGR에 의지하고 있었지만 2AR-FSE에서는 배기계통으로부터 강제적으로 되돌리는 기구로 되면서 연소 온도를 상승시키지 않기 위하여 EGR의 경로에 냉각기도 끼워 넣었다.

피스톤

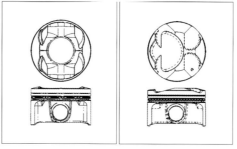

직접분사화와 체적비의 증대에 따라서 피스톤 헤드의 형상도 변화하였다. 그리고 스커트부는 운전 시의 응력을 미리 계산에 넣은 형상으로 되었고, 몰리브덴 코팅과 더불어 실린더 벽과 마찰의 저감을 꾀하였다. Toyota 엔진의 피스톤 핀 오프셋은 0.5mm에서 0.8mm가 일반적이지만 실린더 체적이 큰 2AR은 그 최대값이 0.8mm를 초과하였다.

헤디 김트

워터 펌프를 필요할 때에만 회전시킬 수 있도록 전력 구동으로 바꾸어 놓고 엔진을 보조 기기류 구동의 부담에서 해방하는 것이 최신 고효율 엔진의 일반적인 예이지만, 2AR-FSE는 거기까지 공략하지 않고도 목표인 정격 열효율 38.5%를 실현할 수 있기 때문에 크랭크 구동에 의존하고 있다.

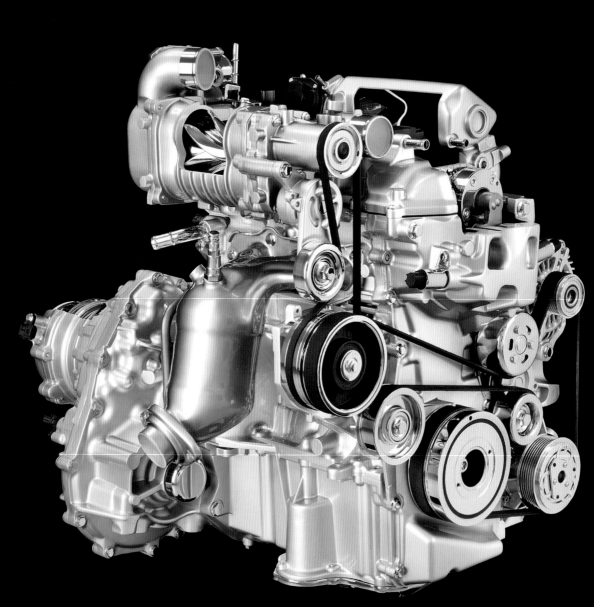

Specifications

형식(型式) : HR12DDR	최대 토크 : 142Nm/4400rpm
형식(形式) : 직렬 3기통 DOHC	최고 출력 : 72kW/5600rpm
총 행정체적 : 1198cc	연료 공급 : DI
내경×행정 : 78.0×83.6mm	급기 방법 : 슈퍼차저
체적비 : 12.0	

일본 국내에서 HR12DDR을 처음 탑재한 것은 Nissan의 신형 Note이다. 4기통 1.5리터의 대체로서 채용되었다. Eco모드를 통상 상태로 하며, 그 때에는 슈퍼차저의 동작을 극력하게 억제하고 있다. 트랜스미션은 JATCO제품으로 부변속기를 내장한 CVT이다. HR12DDR을 탑재한 Nissan Micra(유럽 March)의 프로토타입(Prototype)이다. 2010년의 선진기술 설명회에서 등장하였다. 일본차로서는 오랫만에 기계식 과급기를 채용한 엔진이며, 다음 해 2011년에 Micra에 정식으로 장착되어 시장에 나왔다.

Nissan HR12DDR for Note

March에 3기통 엔진을 탑재한 Nissan의 다음 수는
Note에 슈퍼차저 과급을 한 3기통을 탑재하는 것이었다.

글 : 사와무라 신타로(沢村慎太郎)　그림 : Nissan/이시하라 야스시(石原康)/세야 마사히로(瀬谷正弘)

드디어 일본에 등장한 본격적 다운사이징 과급엔진으로서 주목을 받은 Nissan HR12DDR. 그러나 HR12DDR은 VW나 Ford를 비롯한 유럽 메이커의 그것과는 목표가 본질적으로 다른 엔진이다.

다운사이즈의 원래 목표는 일상적인 주행 시의 대부분을 차지하는 가벼운 부하 영역에서의 효율 향상이다. 실린더 수와 배기량을 줄여서 마찰 손실을 억제하고 또 항상 부하율을 높여서 운전하여 펌핑 손실을 감소시킨다. 그러나 그 자체로는 가속의 여유가 다운사이징 전의 유닛과 비교하여 배기량을 줄인 만큼 그대로 줄어들기 때문에 터보과급으로 흡기의 밀도를 높여서 감량한 만큼을 만회한다. 이미 잘 알려진 논리이다. 그러나 유럽제품의 다운사이징 과급엔진은 최고출력을 다운사이징 전의 수준으로 유지하면서 최대 토크를 보다 크게 얻고 있는 예가 대부분이다.

터보의 과급압력으로 보면 1bar 부근이거나 그 이상이고 고과급으로 분류해도 좋은 숫자이다. 그 고과급에서 노킹을 회피하기 위하여 압축비(체적비)는 10정도로 억제된다. 증가된 토크는 높은 기어비와 조합되어 정속주행을 할 때에는 연비에 공헌하지만 막상 가속하려고 기어 단을 내리면 능력이 드러나 맹렬하게 차체를 밀고 나간다. 한쪽 눈으로 연비를 보면서도 여전히 고속 고부하의 능력에 중점을 둔 엔진의 제작을 그들은 하고 있는 것이다.

한편 Nissan HR12DDR형 1.2리터 직렬 3기통은 열효율(=연비)에 초점을 둔 엔진이라고 말할 수 있다. 그 최고 출력은 같은 HR계의 1.5리터 4기통과 동등하며, 최대 토크의 경우도 같은 수준으로 그 점을 공략한 것이다.

그러면 알맞은 방법을 이용할 수가 있는 것이 밀러 사이클이다.

가변 밸브 타이밍 기구를 사용하여 흡기 밸브를 늦게 닫고 실효 압축비를 낮추어 노킹을 회피하면서 팽창비(체적비)를 최대한으로 얻는다. 그 수치는 레귤러 가스를 사용하는 일본 국내 사양으로 12이고, 95RON을 사용하는 유럽 사양으로 13이라 하는 과급 유닛으로서는 이제껏 한 번도 있어 본 적 없는 높이로 올린다. 이렇게 해서 우선 근본적인 점에서 열효율의 향상을 달성하지만 밀러 사이클이라면 흡기량이 줄어 최고 출력이 감소하기 때문에 과급을 한다. 그러나 유럽 세의 과급과 달리 밀러에서 손실의 분량만큼 흡기의 밀도를 높이면 되므로 힘껏 Boost

를 가할 필요가 없어 최대 과급압력은 0.5bar에 머물렀다.

이 정도라면 터보 차저는 필요가 없으며, 루츠식 기계 과급기로도 충분하다. 루츠식은 회전속도를 상승시켜 과급압력을 높이려고 하는 만큼 구동 손실이 가속도적으로 증가된다는 고질적인 문제를 갖고 있지만 0.5bar 정도라면 그 결점은 눈에 띄지 않는다. 그리고 과급응답의 지연도 없다. 또, 기계 과급이라면 터보와 달리 배기계통이 조립이나 비용에 시달리지 않아도 된다. 100마력의 직렬 3기통을 탑재하려는 염가의 자동차에 있어서는 중요한 포인트이다.

이 논리의 누각(樓閣)을 현실의 엔진으로 구현시키기 위하여 Nissan은 이 등급으로서는 이례적인 직접분사를 채용할 뿐만이 아니라 그 밖에도 다양한 디테일한 기술을 투입하였다. 흡기 밸브가 늦게 닫히는 밀러 운전을 하면서 일단 받아들인 흡기를 밀어내면 연소실 내에 인으킨 모처럼의 가스 유동이 취약해진다. 그래서 흡기계통에 스월 컨트롤 밸브를 설치하여 강제적으로 유동을 보완하였다.

밀러 영역의 운전을 치밀하게 컨트롤해야 하고 밸브 개폐시기의 가변은 흡기 측 뿐만 아니라 배기 측도 포함되었다. 그 가변을 최대로 활용하였을 때 흡기 밸브를 닫는 시기는 하사점 후 100°에 달한다. 이 상태에서의 실효 압축비는 7정도로 낮아진다고 한다. 가능한 한 그러한 영역으로 떨어뜨리지 않고 운전하려고 노킹의 대책도 빈틈없이 포함되었다. 고성능 엔진의 수준으로 오일 통로를 배치한 피스톤이나, 스템을 공동화하여 나트륨을 넣고 막은 배기 밸브, 높은 열전도율의 링 등이다.

차세대 파워트레인 개발 그룹의 이노우에 타카오에 의하면 Nissan은 체적비가 14부근이 천장일 것이라고 내다보고 있는 듯하다. 현재의 엔진 설계기술에서 더 이상의 숫자로 하려고 하면 피스톤 헤드의 형상이 요철로 거칠어지는 등 연소실 체적과 연소실 표면적의 비율이 악화되고 그 결과로서 냉각손실이 증가되어 반대로 효율은 떨어진다.

Note라는 B segment 차에 탑재되는 HR12DDR은 엔진 본체 이외의 곳에서는 에어컨용 컴프레서의 전동화를 비롯하여 계속 꼼꼼하게 따져가며, 연비를 향상시킬 여지가 있다. 원래 보어 피치가 85mm인 HR계 유닛은 1리터 전후의 3기통으로서는 형상이 커 그 점에서의 불리함은 78×83.6mm라는 내경×행정의 선택 등에도 그림자를 드리울 것이다. 내경/행정 비의 숫자를 보더라도 1.070이기 때문에 연비 목적의 엔진으로서는 보어가 조금 크고, 거기에서 베이스 유닛의 차원에 따른 제약이 적잖이 있다. 이 점을 실수 없이 억제한 Nissan의 다음 한 수를 기대하게 하는 HR12DDR이다.

노킹을 개선하기 위해서는

노킹의 대책으로서 눈길을 끄는 것은 배기 밸브이다. 스템을 중공으로 하여 그 부분에 나트륨(별명 소듐)을 봉입하였다. 과급기의 설치가 보편화 되었던 제2차 세계대전에서 항공기용 엔진의 노킹에 대한 대책으로 이용되었던 고전적인 방법으로 전쟁 후에는 경기용을 비롯한 고성능 유닛에도 이것이 도입되었다. 융해점이 97.72°C인 이 금속은 배기밸브가 뜨거워지기 시작하면 액체가 되어 밸브의 상하 움직임에 따라서 중공에서 움직이며, 밸브 헤드의 열을 밸브 전체로 분산시키는 작용을 한다.

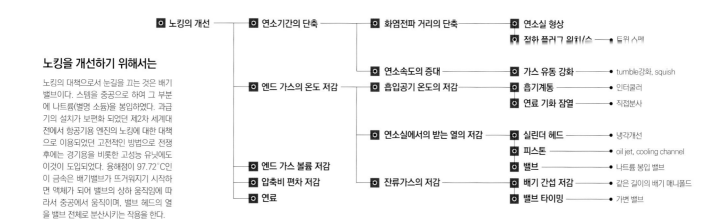

● 밀러 사이클

HR12DDR의 흡기 밸브는 가장 일찍 닫히는 경우라도 하사점 후 60°이다. 이것은 비 밀러인 HR12DE 가변 밸브가 가장 늦게 닫힐 때의 숫자에 가깝다. 그리고 HR12DDR의 흡기 밸브가 가장 늦게 닫히는 경우는 피스톤이 압축 행정을 절반 이상 끝낸 하사점 후 100°에 드디어 닫힌다. 그 때의 실질적인 압축비는 7정도로 내려간다고 한다. 캠 비틀림 방식의 가변 기구는 흡배기 공히 가변각은 40°이다. 이것 자체도 DE의 35°보다 도 크게 되어 있다.

	HR12DDR	HR12DE
체적비	12.0	10.2
연료 공급	DI	PFI
최대 토크	142Nm/4400rpm	106Nm/4400rpm
최고 출력	72kW/5600rpm	58kW/6000rpm
흡기밸브 열림시기	상사점 전 14°～상사점 후 26°	상사점 전 16°～상사점 후 19°
흡기밸브 닫힘시기	하사점 후 60°～하사점 후 100°	하사점 후 32°～하사점 후 67°
흡기 캠 작용각	254°	228°
배기밸브 열림시기	상사점 전 14°～상사점 후 36°	하사점 전 22°
배기밸브 닫힘시기	하사점 전 46°～하사점 후 4°	상사점 후 6°
배기 캠 작용각	212°	208°

HR12DDR

상사점
14   26
100   270
60
하사점

HR12DE

상사점
16   19
67   270
32
하사점

HR12DDR형 직렬 3기통 엔진은 Nissan B/C Segment 각 자동차에 탑재되는 HR15계 직렬 4기통에서 1기통을 잘라낸 구성으로 85mm의 보어 피치도 공통이다. 같은 3기통이라도 Toyota의 1KR-FE형(단, 이쪽은 996cc이지만)은 Daihatsu 의 경자동차용 KF-VE형에서 파생하였고 그 보어 피치는 78mm로 훨씬 짧다. 아래 는 NA의 HR12DE형 엔진이다.

● Super Charger

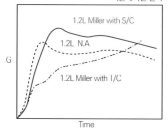

시뮬레이션 결과

TC와 SC의 토크 상승 시간적 추이를 시뮬레이션 한 그래프이다. 당연히 터보는 내경이 작은 것을 사용한다는 가정이지만 이와 같이 응답의 지연이 발생하는 것을 나타내고 있다.

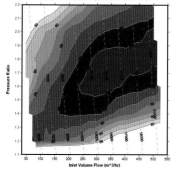

HR12DDR이 사용하는 Eaton제 R410형 루츠식 슈퍼차저의 능률도이다. HR12DDR은 최대 과급압력이 0.5 bar정도 이므로 그림에서는 1.5 이하의 라인에서 본다.

4엽(葉)의 로터를 갖는 루츠식 블로워는 Eaton제이다. Eaton은 그 단품에서의 효율이 70%라고 주장한다. HR12DDR은 이것을 그 과급 능력의 한계보다도 훨씬 낮은 과급압력 0.5bar에서 사용한다. 연비 중시 모드를 선택하면 구동 풀리(Pulley)에 장치된 전자 클러치가 차단되어 루츠는 정지한다. 성능 중시 모드로 바꾸면 루츠가 비로소 구동되지만 그 때에는 루츠로의 바이패스 경로를 제어밸브가 죄면서 과급압력을 적당히 컨트롤한다.

R410형은 4엽으로 160° 비틀린 로브를 갖고 있다. 비틀린 엽으로 하면 직육면체형 케이스의 밑면(아래 사진에서 우측)에서 흡기하여 측면(아래 사신에서 아래 측)으로 토출된다. 한편 구형의 직선 2엽이라면 측면에서 넣어 반대 측의 측면으로 내보내는 수밖에 없다.

R410형은 스로틀 상류에 배치된다. VW/Audi의 루츠 과급 V6은 하류에 배치되어 있으며, 클러치가 없다. 과급이 불필요한 아이들 ~저속회전을 할 때 SC를 부압하에 두고 드래그 저항을 저감한다. HR12DDR은 클러치가 설치되어 있으므로 상류에 배치했을 것이다.

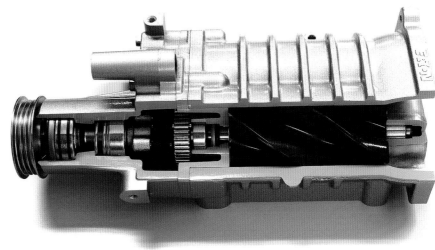

● 연소실

내경/행정 비가 1.07이라는 그다지 장행정도 아닌 HR12DDR에 13의 체적비를 갖추기 위하여 Squish Area가 크고 피스톤 헤드의 면 움푹한 곳(캐비티)이 아래 면을 구성하는 연소실로 되어있다. 이곳을 향하여 비스듬하게 설치된 최대 분사압력 15MPa의 6분공식 인젝터(SKYACTIV의 인젝터와 같은 Denso제)가 연료를 분사한다. 분무 각이 너무 눕혀지면 실린더 벽의 오일을 희석시키며, 너무 곧바로 서있으면 연료가 피스톤을 곧바로 치면서 스모크(연기)가 발생한다. 정말 알맞은 각도를 찾아내는 것은 그리 간단하지 않았다고 한다.

직접분사 인젝터는 상당히 눕혀진 각도로 설치되어 있기 때문에 실린더에 대하여 45°에 가까운 각도로 분무한다. BMW의 직접분사 인젝터는 바로 위에서 분무하는데 그쪽은 성층연소(Stratified Charge Combustion)를 감안한 것이므로 콘셉트가 다르다.

연소 온도를 낮추어 노킹을 회피해야 할 피스톤의 내부에는 본격적으로 쿨링 채널이 설치되었다. 특징적인 피스톤 헤드를 사진에서도 볼 수 있다. 크랭크는 8mm 오프셋이 되어있다.

Full SKYACTIV의 제2탄으로서 2012년 말에 3세대 Mazda Atenza가 데뷔하였다. 일본의 국내에서는 레귤러 가솔린에 대응하기 위하여 2.0/2.5가 동시에 체적비 13에 머무르지만 95 RON을 사용하는 유럽 사양은 14의 수치를 자랑한다. DE+6MT 사양도 등장하였다.

SKYACTIV 테크놀로지를 모두 포함시키고 등장한 Mazda CX-5이다. Demio에서는 달성할 수 없었던 가솔린 엔진의 4-2-1 배관을 채용하기 위한 섀시가 사용되고 있다. 디젤 사양이 준비된 것도 커다란 토픽 중 하나이다.

Mazda SKYACTIV-G

압축비라는 말 그리고 14라는 숫자를 세간에 널리 알게 해준 것이
Mazda SKYACTIV 테크놀로지이다. 각 유닛의 특징을 소개해 보자.

글 : 사와무라 신타로(沢村慎太郎) 그림 : Mazda/MFi

SKYACTIV라고 명명된 신 엔진 무리에 대한 미디어 업계의 반응은 내제로 '의욕은 높이 사지만 과급을 하지 않는 점은 이해할 수 없다」라는 것이었다. 다운사이징을 하거나 밀러 사이클로 하더라도 과급이라는 요소와 일체가 되어야 효과가 있다는 것은 다 아는 일이므로 SKYACTIV는 과급에 의한 비용 상승을 기피한 어중간한 것이라는 견해가 수면 아래에서 확실히 떠돌고 있었던 것이다.

과급을 하면 과급기의 조달 비용뿐만 아니라 엔진의 본체에서 흡배기 계통까지 상당한 비용이 소요됨으로 상황을 감안하여 판단해보면 Mazda가 거기까지 도약할 체력이 없던 것도 사실일 것이다. 그러나 Mazda의 발표 내용을 자세히 조사해보면 문제의 본질이 거기에 없다는 것을 알 수 있다.

우선 이해해 두어야 할 것은 Ford의 지배 하에서 벗어난 Mazda로서는 엔진에 관하여 해야 할 테마가 산적해 있다는 점이다. Ford의 세계 전략을 따라 움직일 것을 요구받았던 Mazda의 엔진은 기본 디멘션(dimension)의 선택부터 디테일 구성요소까지가 그 범위 안에서 제약을 받아 자사 차량의 형편에만 맞춘 선택은 불가능했다. SKYACTIV라는 일종의 개혁 운동은 차체와 변속기 및 엔진 등 그 속박으로부터 해방되어 다시 자유로이 엔지니어링을 원점으로 되돌아 가 검토하려고………물론 최신 기술을 채용하면서………하는 시도였다.

엔진에서의 그 첫걸음으로서 Mazda가 주제로 확정한 것은 열효율의 개선이라는 근간적인 테마였다. 탁상 이론으로 간다면 열효율은 체적비를 높이면 개선할 수 있다. 그런데 실제로 체적비를 일반적인 숫자 이상으로 높이면 냉각손실이 증가되어 이론대로 진척되지 않는다. 그 부근의 균형을 실험의 데이터로 세밀히 살피고 있던 Mazda는 이상적인 용적비를 14로 확정하였다.

그런데 현실적으로 체적비(=압축비)를 높이면 노킹이나 Preignition이라는 이상 착화도 발생한다. 그것을 회피하여 점화시기를 늦추게 되면 이에 따라서 열효율도 저하되기 때문에 대책이 세워졌다.

우선은 전설의 보검인 밀러 사이클로 운전한다는 것은 실효 압축비를 낮춘다는 것이다. 점화시기를 늦추는 것이 아니라 압축하는 혼합기의 양을 제한하여 압력을 낮추어 이상 착화를 회피하는 것이다. 혼합기의 압력이 너무 높기 때문에 밀러 운전을 하는 것이므로 그 때에 과급을 하여도 의미가 없다. 이 논리상으로는 과급을 하지 않는 것이 틀린 것은 아니다. 이러한 목적에 따라 이상 착화를 하지 않는 한계까지 흡기 밸브의 닫는 시기를 늦추어서 실효 압축비를 감소시키는 가변 밀러 사이클 제어가 구축되었다.

게다가 직접분사화도 도입되었다. 분무된 연료의 기화 잠열에 의하여 연소실이 차가워지기 때문에 이상 착화까지의 마진을 얻을 수 있는 것이다. 연소 가스가 실린더 내에 잔류하면 다음 연소할 때의 온도를 상승시키기 때문에 배기 계통에 대한 연구를 거듭하여 이것을 원활하게 배출이 이루어질 수 있도록 하는 연구도 하게 되었다.

시간 손실의 삭감에도 눈을 돌렸다. 연소 시간의 단축으로 피스톤 헤드를 종래와 같은 평면형이라면 초기의 화염이 피스톤 헤드에서 냉각되어 연소에 시간이 걸리기 때문에 그것을 마다하고 직접분사 디젤 엔진의 피스톤 헤드 형상과 같은 구형의 캐비티를 갖는 형상으로 되었다. 그리고 옆에서 인젝터를 설치하는 직접분사에 적합하도록 흡기에 텀블 와류가 발생될 수 있는 포트의 형상이나 밸브 헤드의 각도를 설정하였다.

펌핑 손실의 저감을 목표로 하는 밀러 사이클의 운전도 당연히 기여하는 것이지만 이와 더불어 EGR도 적극적으로 사용한다. 되돌린 배기가스에 의해 연소실의 온도가 상승되면 소용이 없으므로 쿨드 EGR인 것이다.

나머지는 기계적인 마찰의 저감으로 모든 움직이는 부품에서부터 밸브 계통, 물과 오일의 주변까지 Ford의 속박 시대에서는 손을 댈 수 없었던 신기술이나 설계 방법이 세부적으로 적용되면서 티끌 모아 태산을 만들 만큼 노력하였다.

요컨대 SKYACTIV계 엔진이란 Mazda가 현재 보유하고 있는 유닛을 논리에 의거하여 재분해하고 거기에 이제까지 포함시킬 수 없었던 방법들을 포함시켜 구성하면서 바로잡은 엔진인 것이다. 그 개혁에 따라 우선 Demio에 탑재되어 P3-VPS형 1.3리터 직렬 4기통 엔진이 등장하였다. 그 체적비는 당초의 목표대로 14이다.

이어서 CX-5나 Atenza용으로서 2.0리터 직렬 4기통의 PE-VPS형도 투입되었다. 이쪽의 체적비는 일본 국내용 레귤러 사양으로 13, 그리고 95RON 가솔린을 사용한 유럽용에서는 14를 달성하고 있다. 이것을 보더라도 알 수 있듯이 배기량은 다운되지 않는다. 한달음에 다운사이즈 과급으로 도약하는 것도 아니고 우선 현재의 상태에서 한 번도 사용하지 않은 무수히 많은 유망한 방법을 포함시켜 열효율을 상승시켰다. 이것이 SKYACTIV계 엔진 군(群)의 본질이다. 그 달성 지표이자 달성 결과가 세계의 선두를 달리는 체적비 14인 것이다.

● SKYACTIV 엔진 시리즈

2013년 2월 현재, 오토(Otto)/디젤 양 사이클에서 SKYACTIV 엔진 시리즈는 보는 바와 같다. G1.3은 현행 Demio에 탑재되었기 때문에 모든 기술을 적용시킬 수 없었다. 따라서 EGR을 시응이서 14의 체적비를 실현하였다. 마산가시로, Axela나 Premacy도 4-2-1 배관을 채용하는 섀시(chassis)를 갖지 않고 더욱 레귤러 가솔린에 대응하기 위하여 12에 머문다. 한편 같은 행정 체적이라도 14의 숫자를 자랑하는 유럽 사양에서는 토크/출력을 동시에 크게 신장되고 있는 것을 알 수 있다.

Demoio Axela

Premacy Atenza CX-5

형 식	P3-VPS	PE-VPS	PE-VPS	PE-VPS	PE-VPR	PE-VPR	PY-VPR	SH-VPTR
행 정 체 적	1298cc	1997cc	1997cc	1997cc	1997cc	1997cc	2488cc	2188cc
체 적 비	14	12	13	14	13	14	13	14
연 료	레귤러가솔린(91 RON)	레귤러가솔린(91 RON)	레귤러가솔린(91 RON)	무연가솔린(95RON)	레귤러가솔린(91 RON)	무연가솔린(95RON)	무연가솔린(91/95RON)	경유
최 대 토 크	112Nm/4000rpm	194Nm/4100rpm	196Nm/4000rpm	210Nm / 4000rpm	196Nm / 4000rpm	210Nm / 4000rpm	250Nm/3250rpm	420Nm/2000rpm
최 고 출 력	62kW/5400rpm	113kW/6000rpm	114kW/6000rpm	121kW/6000rpm	114kW / 6000rpm	121kW / 6000rpm	138kW/5700rpm	129kW/4500rpm
비 고	4-2-1배관 불채용 쿨드EGR	4-2-1배관 불채용	레귤러 대응		레귤러 대응		유럽사양은 256Nm / 141kW	Atenza
채 용 차	Demoio	Axela Premacy	CX-5	CX-5(유럽)	Atenza	MAZDA6(유럽 Atenza)	Atenza	CX-5

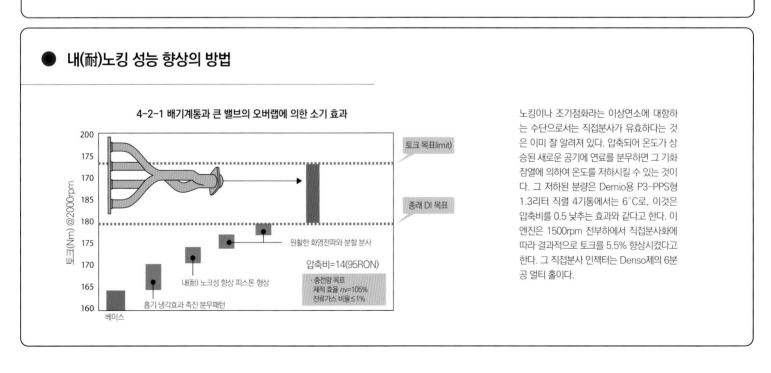

고압축비화에 의한 토크의 저하

(상단 도표 - 제어 가능한 인자 플로우차트)

저감해야 할 손실		대응책	제어 가능한 인자
엔진 열효율 개선 → 도시 열효율	배기 손실	크게 압축=크게 팽창	압축비
	냉각 손실	연료에 대한 공기량을 많게	공연비
		보다 빠르게 연소	연소기간
		적당한 타이밍으로 연소	연소 타이밍
	펌프 손실	공기의 흡입·배기를 좋게	펌핑 손실
기계효율	기계 저항 손실	하중·마찰을 작게	기계 저항

(우상단 그래프: 토크(Nm) vs 엔진 회전수(rpm), 압축비=11.2, 압축비=15, 10Nm)

내연기관의 열효율 개선

예전 교과서에는 「열효율을 향상시키기 위해서는 압축비를 높이면 된다.」라고 수록되어 있지만 이것은 정확한 말이 아니다. 옳은 것은 「체적비를 높인다.」이다. 체적비가 커지는 만큼 피스톤은 연소에 의하여 발생한 압력의 상승을 남김없이 받아낼 수 있게 된다. 반대로 체적비가 작으면 연소 압력은 충분히 이용되지 않고 배기계통으로 방출되게 된다. 탄화수소의 연소 에너지를 크랭크의 회전 운동으로 변환시키는 내연기관의 근간에 관계가 있는 점에서 열효율은 체적비에 의해 좌우되는 것이다.

130이 넘는 곳까지 체적비를 설정해 가면 효율은 이론과는 반대로 저하된다. 스파크 플러그 부근의 고온 연소가스가 피스톤 헤드 때문에 차가워져 냉각손실이 증가되기 때문이다. 그 때문에 세상에 있는 엔진은 11~12 정도로 억제되고 있는 것이지만 Mazda는 고 체적비 엔진에서 스파크 플러그에 의한 점화 이전에 가솔린(탄화수소)이 저온 산화반응을 일으키도록 하여 연소의 개선에 한 역할을 맡게 하고 있다. 이것을 잘 이용하면 고 체적비에서도 효율이 개선될 수 있다고 믿고 Mazda는 목표 체적비를 14로 확정하였다.

● 저온 산화반응 효과의 발견

내연기관에서의 연소란 화학적으로는 HC(탄화수소)와 O_2(산소)가 반응하여 H_2O와 CO_2로 전환되는 일종의 산화현상을 말하지만 그 반응은 단순하지 않다. 자기 착화성이 낮은 가솔린의 경우는 스파크 플러그로 반응의 계기를 만들지 않으면 연소가 이루어지지 않는다고 알려져 있지만 사실은 그 이전에 혼합기의 압력 상승에 의하여 자기 착화현상이 있다는 것이 밝혀졌다. 그 자기 착화는 먼저 일어나는 저온 산화반응과 이어서 일어나는 고온 산화반응으로 크게 나뉜다. 덧붙이자면, 양쪽을 이용하려고 하는 것이 전 세계적으로 연구가 진행되고 있는 HCCI(예혼합 압축착화) 엔진이다.

고압축비화에 따르는 토크 저하

(그래프: 노크 한계 토크 vs 압축비 10~15, 저온 산화반응 효과)

(1500 rpm, WOT, A/F = 13, Ig.timing = limit)

저온 산화반응

(그래프: 연소 압력 vs 크랭크각, 점화전의 플러스 일*(저온 산화반응)의 발견, TDC, 점화)

※ 분자 내부의 결합이 끊어짐으로써 발열하여 플러스의 일이 된다.

● 내(耐)노킹 성능 향상의 방법

4-2-1 배기계통과 큰 밸브의 오버랩에 의한 소기 효과

(그래프: 토크(Nm) @2000rpm 160~200, 토크 목표limit), 종래 DI 목표)

- 베이스
- 흡기 냉각효과 촉진 분무패턴
- 내(耐) 노크성 향상 피스톤 형상
- 원활한 화염전파와 분할 분사

압축비=14(95RON)

· 충전량 목표
체적 효율 nv=105%
잔류가스 비율≤1%

노킹이나 조기점화라는 이상연소에 대항하는 수단으로서는 직접분사가 유효하다는 것은 이미 잘 알려져 있다. 압축되어 온도가 상승된 새로운 공기에 연료를 분무하면 그 기화 잠열에 의하여 온도를 저하시킬 수 있는 것이다. 그 저하된 분량은 Demio용 P3-PPS형 1.3리터 직렬 4기통에서는 6°C로, 이것은 압축비를 0.5 낮추는 효과와 같다고 한다. 이 엔진은 1500rpm 전부하에서 직접분사화에 따라 결과적으로 토크를 5.5% 향상시켰다고 한다. 그 직접분사 인젝터는 Denso제의 6분공 멀티 홀이다.

SKYACTIV- **G 1.3**

EGR을 사용한 시리즈 제 1탄

SKYACTIV계 엔진의 시판에 투입된 제1탄은 현재의 3세대 DE계 Demio의 마이너체인지(Minor change)와 함께 등장한 P3-VPS형 1.3리터 직렬 4기통 엔진이다. 이것은 마이너 체인지 전의 ZJ-VEM형 1.3리터 직렬 4기통 엔진과 기본을 같이하지만 SKYACTIV 개혁에 따라 내경×행정이 Ø74×78.4mm에서 Ø71×82mm로 내경은 작아지고 행정은 길게 되어 고압축과 냉각손실의 개선이 이루어져 있다. 이에 따라 배기량도 1348cc에서 1298cc로 조금 감소되었다. 최대 토크는 120Nm에서 112Nm(89Nm/ℓ에서 86Nm/ℓ)로 내려갔다. 회전수에 욕심을 부리지 않았기 때문에 최고 출력은 66kW에서 62kW(배기량 비로는 49kW/ℓ에서 48kW/ℓ)로 하락되었다. 한편 BSF (정격 연료 소비율)은 12% 전후의 개선을 보였다.

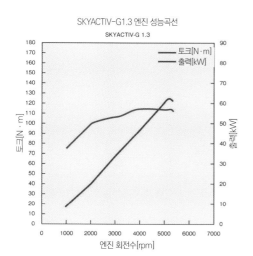

SKYACTIV-G1.3 엔진 성능곡선

SKYACTIV-G 1.3

토크[N·m]
출력[kW]

엔진 회전수[rpm]

Specifications

형식(型式) : P3-VPS
형식(形式) : 직렬 4 기통 DOHC
총 행정체적 : 1298cc
내경×행정 : 71.0×82.0mm
체적비 : 14.0
최대 토크 : 112Nm/4000rpm
최고 출력 : 62kW/5400rpm
연료 공급 : DI
급기 방법 : NA

캐비티 내장 피스톤

12를 넘어 압축비를 높여가더라도 오히려 얻어지는 토크가 저하되는 현상의 요인은 초기의 화염이 피스톤 헤드에서 차가워져 성장을 저해 받아 일어나는 냉각손실의 증가였다. 이 함정을 모면하기 위하여 채용된 것이 직접분사 디젤 엔진과 닮은 움푹한 홈을 피스톤 헤드의 중앙에 배치한 피스톤이다. 화염이 이 내측에서 냉각되지 않고 성장함에 따라 연소의 속도도 상승한다. 채용에 의하여 P3-VPS형 1.3리터 직렬 4기통 엔진은 1500rpm 전부하 일 때 4%의 토크 향상을 보였다고 한다.

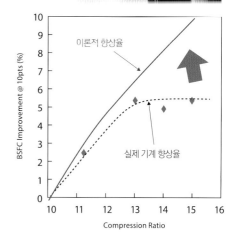

이론적 향상율

실제 기계 향상율

BSFC Improvement @ 10pts (%)

Compression Ratio

쿨드 EGR의 채용

효율을 목적으로 한 엔진이 EGR(배기가스 재순환)을 이용하는 것은 일반적인 사례이다. 이에 따라 부분부하일 때의 펌핑 손실이 감소되는 것 외에도 연소의 온도가 저하되어 열 괴리 분량의 손실도 감소되고 혼합기의 비열비가 상승되어 열효율이 향상된다. P3-VPS형에서는 흡배기 듀얼의 가변 밸브 타이밍을 이용하여 내부 EGR을 사용할 뿐만 아니라 외부 EGR도 사용한다. 그 경우 고온의 배기가스를 그대로 재순환시키면 혼합기의 온도가 상승되기 때문에 쿨러를 증설하여 냉각시킨다. 이러한 EGR의 덕분에 P3-VPS형 엔진은 펌핑 손실을 20% 삭감되었다고 한다.

SKYACTIV-G 2.0/2.5

4-2-1 배관을 효과적으로 사용한다.

SKYACTIV의 주역으로 등장한 것이 Atenza나 CX-5에 탑재된 PE-VPR형 2.0 리터 직렬 4기통 및 PY-VPR형 2.5 리터 직렬 4기통이다. 이것은 종래의 L3형계 및 L5형계를 기본으로 하고 있지만 1.3 리터일 때와 같이 내경×행정의 수치를 작은 내경/장행정으로 방향을 전환하고 있다. 그리고 차량의 도착지와 탑재하는 모델에 따라 여러 개의 사양이 존재한다. 일본 국내용의 Atenza나 CX-5에 탑재되는 2.0 리터는 레귤러 가스 대응으로 체적비가 13이지만 95RON 가솔린에 대응시킨 유럽용은 그것이 14가 된다. 1.3 리터보다도 10mm 이상 큰 내경으로 같은 체적비를 달성하고 있는 것이다.

Specifications

형식(型式) : PY-VPR
형식(形式) : 직렬 4 기통 DOHC
총 행정체적 : 2488cc
내경×행정 : 89.0×100.0mm
체적비 : 13.0

최대 토크 : 250Nm/3250rpm
최고 출력 : 138kW/5700rpm
연료 공급 : DI
급기 방법 : NA

SKYACTIV-G2.5 엔진 성능곡선

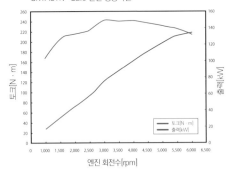

Specifications

형식(型式) : PE-VPR
형식(形式) : 직렬 4 기통 DOHC
총 행정체적 : 1997cc
내경×행정 : 83.5×91.2mm
체적비 : 13.0

최대 토크 : 196Nm/4000rpm
최고 출력 : 114kW/6000rpm
연료 공급 : DI
급기 방법 : NA

SKYACTIV- G2.0 엔진 성능곡선

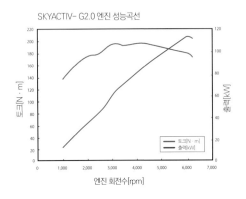

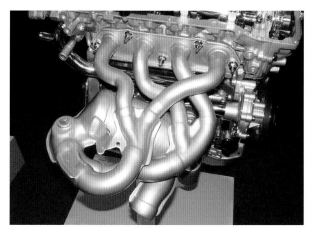

4-2-1 배기 매니폴드(Exhaust Manifold)의 효과

압축비의 상승을 방해하는 장벽의 하나가 실린더 내의 배기가스 잔류라고 생각한 Mazda는 이것을 해결하려고 배기계통의 개량에 몰두하였다. 우선은 촉매의 작동 효율을 향상시키기 위하여 배기 포트 바로 아래에 집합시키는 4-1방식이 보편화 되어 있는 배기 매니폴드를 4-2-1방식으로 변경하였다. 배기가스를 잘 밀어낼 수 있게 되면서 새로운 공기의 도입도 쉬워진다. 이것은 얼마 전까지만 해도 고성능 4 기통에서는 약속과 같은 것이었지만, Mazda는 잔류 배기가스의 삭감에 초점을 맞추어 다시 기용하였다. 또한, 그래도 회전수와 부하율에 따라서는 각 기통의 배기가 스가 잘 싱크로(Synchronize) 되지 않는 상태가 남아 있었지만 이것은 뒤에 이어지 는 배기계통의 소음장치(Silencer) 등에서 레이아웃을 연구하여 보정하였다.

실린더 내 잔류가스가 초래하는 온도 상승

Mazda가 제시한 예에서는 750℃의 잔류가스가 25℃의 새로 흡입된 공기 중에 10%가 남는다면 이론상으로 압축 상사점에서 162℃의 차이가 발생한다고 한다. 그 탁상 론은 제품에서 구체적으로 증명되었다. SKYACTIV계 유닛의 탑재를 전제 로 설계된 Atenza에서는 4-2-1 배기계통이 설치되어 체적비가 13을 달성하고 있 는 것에 비하여 기존 엔진을 수납하는 칸(compartment)에 수납할 수 없어 4-2-1 배기관을 채용할 수 없었던 Axela용 PE-VPS형 2.0리터 직렬 4기통 엔진의 경우 연소온도가 상승되기 때문에 체적비는 12에 머물고 출력이나 토크도 조금 감소되 었다.

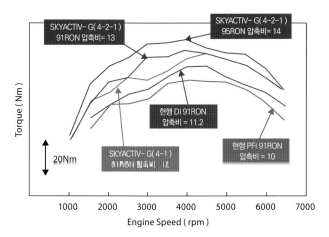

가솔린 옥탄가와 압축비

압축비는 가솔린의 옥탄가에 의해 좌우된다는 것은 이미 알고 있다. 옥탄가는 가솔린의 성분 중에서 내 노킹 성능이 높은 이소옥탄(isooctane)을 100으로 하고 반면에 내 노킹 성능이 낮은 헵탄(heptane)을 0으로 하여 양쪽의 비율을 표시함으로써 그 가솔린의 내 노킹 성능을 등가적으로 나타낸 것이다. 일반적으로 사용되는 RON(Research Octane Number) 표시법이라면 일본 국내에서 유통하는 이른바 레귤러 가솔린은 91RON 이다. 한편 유럽의 레귤러 가솔린은 많은 지역에서 95RON이 된다. 그 차이가 PE-VPS형 유닛에서 이쪽저쪽 사양의 체적비 차이로 나타나고 있는 것이다.

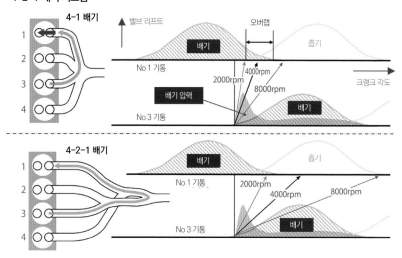

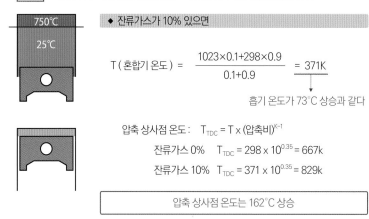

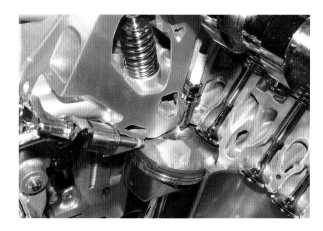

SKYACTIV- G2.0의 연소실

Mazda는 2.0리터 직렬 4기통 엔진에 관해서는 이미 선대 Axela 등에 탑재된 앞 세대(LF-VD형)에서 직접분사화를 달성하고 있다. 그러나 그 피스톤의 헤드 는 밸브 리세스(valve recess)를 제거하면 거의 평평하며, 그리고 실린더 내경도 SKYACTIV계 PE-VPS형의 Ø83.5mm보다 4mm가 큰 Ø87.5mm 이고, 체적 비는 레귤러 가솔린의 사용으로 11.2에 머물고 있다. 그것이 실린더 내경의 축소나 캐비티를 낸 피스톤 헤드, 그리고 다른 요소의 개량 등으로 단숨에 레귤러 사용에서 13으로 향상된 것이다.

전 운전영역을 체적비로 운전할 수 있을까

압축비에 대한 도전은 이제부터가 시작이다.

과거 10년 사이에 가솔린 엔진의 압축비는 높아지고 디젤 엔진에서는 낮아졌다.
이러한 트렌드는 앞으로도 계속될 것으로 보이며, 가솔린 엔진과 디젤 엔진의 압축비는 서로 가까워질 것이라고 예상이 된다.
더욱이 그 다음의 궁극적인 목표는 전 영역을 체적비(기하학적 압축비)로 운전한다는 테마가 있다.
그곳에 다가가기 위한 방법으로서 여러 가지 연구가 시작되고 있다.

글 : 마키노 시게오(牧野茂雄)   그림 : Renault/Honda

엔지니어들로부터 자주 듣는 말. 그것은 「티끌 모아」이다. 「티끌도 모이면 태산이 된다.」를 줄인 표현이다. 어떠한 사소한 일도 그대로 넘기지 않고 탐구심을 갖고 착실한 노력을 거듭하면 그것이 머지않아 커다란 성능의 차이, 상품력의 차이가 되고 소비자의 신뢰로 연결된다는 의미이다. 일본의 자동차 엔진의 역사는 실로 「티끌 모아」의 역사였으며, 전면적으로 쇄신을 하기 위한 사이클이 짧더라도 10년은 된다는 엔진이라는 커다란 유닛에 그때마다 새로운 기술을 쏟아 왔다.

일반적으로 자동차는 「약 3만 점의 부품으로 구성되어 있다」고 말한다. 이 숫자는 예전부터 쭉 변함이 없지만 이제 와서 보면 단순한 이미지이며, 실제로는 아마도 더욱 더 부품의 수가 증가되어 있을 것이다. 그 중 단 하나의 부품에 설계·제조의 실수가 있어도 자동차라는 상품은 성립되지 않는다. 엔진이나 트랜스미션뿐만 아니라 스티어링이나 브레이크 그리고 작은 내장 부품의 하나라도 그 모든 것이 자동차라는 폐쇄형 구조물(Closed Architecture)의 구성 요소이며, 중요도는 다 같은 것이다. 일본 자동차는 이러한 세계관에서 육성되어 왔다.

일본이 자동차 산업의 세계에서 커다란 약진을 이룬 이유는 이 완전주의에 있다고 생각한다. 설계의 정밀성과 성능·기능면에서 타협 없이 총력을 기울임, 높은 제조 품질의 균일성이 일본 자동차의 경쟁력에 대한 근원이다. 미국에서의 자동차는 「부품 한 개나 두 개가 없어도 움직이며, 이동이라는 용도를 수행할 수 있다」는 것이었다. 유럽에서의 자동차는 기계의 노예이며 동시에 노예로서의 히에라르키(Hierarchy)가 있었다. 일본은 대중 자동차에서부터 고급자동차까지 일관되도록 제조의 품질이 높고 가격대 나름으로 「세세한 데까지 손이 미치는」 서비스를 추구하였다. 이것은 전부 「티끌 모아」이다.

엔진에 대해서도 일본은 획기적인 업적을 남겨 왔다. DOHC를 대중화한 것은 Toyota였으며, 가솔린 직접분사 엔진의 시판은 Mitsubishi의 자동차가 선구였다. 최근에는 Mazda가 가솔린과 디젤 엔진의 압축비를 같게 하는 대담한 행위를 SKYACTIV 엔진에서 완수하였다. 이번 특집에 즈음해서 체적비(기하학적 압축비)의 분야에서 어떠한 기술의 혁신이 있었는지를 살펴보았는데 가솔린과 디젤 엔진에서 각각 체적비 14라는 것은 하나의 위업이라는 강한 인상

을 받았다.

14라는 숫자의 임펙트가 커서 많은 연구원들이 이에 자극을 받았고 라이벌인 자동차 메이커 각 사도 자극을 받았다. 「지금이야말로 엔진을 하여야 한다」라는 소리가 필자의 귀에도 들리고 코스트다운 일변도의 형세가 변화하기 시작한 것을 느끼고 있다. 연소의 이론은 유럽과 미국이 확립하였으며, 지금도 연구는 면면히 이어지고 있지만 거기에 뛰어든 SKYACTIV의 쐐기는 일본의 존재감을 다시 드러내주었다. 「14라고 하여도 전 영역이 아니고 연료에 좌우 된다」고 우리가 험담을 해봤자 실제의 운전에서는 기하학적 체적비가 일부의 영역에서만 실현되는 것이나 압축비가 연료의 성상에 좌우되는 것은 엔진의 연구원이라면 알고 있다. 14는 대단한 것이다.

유럽에서도 과거에 체적비를 높이기 위해 상당히 대담한 연구가 실행되어져 왔다. 기하학적 압축비 자체를 운전 상태에 맞도록 변화시킨다고 하는 「가변 압축비」엔진이다. 그 예를 몇 개 소개하려고 한다. 자세한 것은 도면을 참고하기 바라며, 각각의 도면에 공통적인 것은 엔진의 제어가 지금과 같이 진보되지 않았던 시대에 기계기구로 무엇인가를 하려

압축비를 가변으로 하는 방법

● 링크를 사용하여 체적비를 변화시키는 아트킨슨 사이클

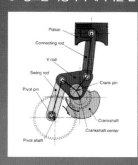

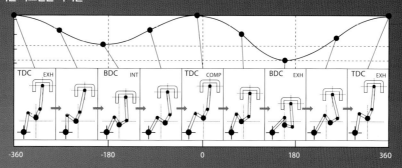

일반적인 커넥팅 로드와는 별도로 크랭크샤프트와의 연접 기구에 의해 팽창비를 크게 한다고 하는 기계의 설계인 것이다. 이것과 마찬가지의 효과를 밸브 개폐 타이밍의 변경으로 얻으려고 하는 시스템이 밀러 사이클이며, 기구의 면에서 보면 아트킨슨 사이클과는 완전히 별개의 것이다. 한편 아트킨슨 사이클이 잊혀 졌을까? 라고 한다면 그렇지는 않나.

● 실린더 블록을 기울어지게 한 사브(Saab)의 아이디어(2001)

실린더 헤드, 밸브 계통, 흡배기 계통은 고정하고 그 부분의 일체를 기계적으로 아래로 움직이도록 함으로써 압축 끝의 체적을 변화시킨다는 방식이다. 연속 가변이 가능하다고 선전했지만 리스펀스는 어떨까?

● 피스톤 행정을 변화시키는FEV의 제안 (1997)

링크 기구에 의해 피스톤 행정의 양을 변화시키는 시도였다. 엔진이 크고 무거워지며, 진동도 발생되는 약점이 지적되었지만 아트킨슨 사이클의 현대판으로서 독특한 존재였다.

● 피스톤 헤드 면을 들어올리는 Daimler의 연구(1990)

이 시대의 Daimler Benz 답게 목적에 대하여 가능한 한 간편한 기구로 대응하려고 하는 실용화를 감안한 기구이다. 피스톤 헤드 면이 본체와는 분리되어 있고 아래로 움직임으로써 압축 끝의 체적이 변화된다.

고 생각했다는 것이다. 「운전 상태에 맞도록 기하학적 압축비를 변화시킬 수 있다면 좋을 텐데」라는 생각이 밑바탕에 깔려있다. 예전에는 아트킨슨 사이클이 있었는데 21세기에 들어와서는 사브(Saab)가 실린더 헤드와 피스톤 헤드 면의 기계적 거리의 가변제어 등 집념이라고도 생각할 수 있는 연구를 계속하여 왔다. 일본에서도 Nissan이 가변 압축비에 도전하고 Honda는 아트킨슨 사이클을 새삼보하고 있다.

엔진 개발의 방향성은 엔지니어들 의견의 근거나 회사의 입장, 더 나아가서는 유행에 따라서 변화된다. 현재는 다운사이징 과급엔진을 제어로써 한층 더 높은 곳으로 이끌려고 하는 연구가 하나의 주류이고, 다른 한편으로는 자연흡기로 과급엔진의 효율을 넘어서려고 하는 도전이 있다. 그리고 기계기구로 새로운 차원에 도달하려고 하는 시도도 있다.

어느 것이나 다 옳을 것이다. 쓸데없는 노력이란 없다. 실례의 말이지만 「소용이 없었다.」라는 결론도 인류에게는 자산이 된다. 그러나 시대가 변하여 다른 분야의 기술이 발전하면 온고지신(溫故知新)이나 패자부활(敗者復活)도 있을 수 있다.

이것은 완전히 나의 사견이지만 적어도 앞으로 30년간은 내연기관이 주류일 것이다. FCEV(연료전지 전기자동차)에 대해서는 Toyota의 시판 계획 등이 보도되고 있지만 일반적인 승용자동차의 대체가 되는 것은 30년 후의 일이라고 생각한다. 양산화 하기 위해서는 설비 투자가 필요하며, 그것을 생산하는 대수로 나눈 금액을 제품 가격에 더하였을 때 그것이 받아들여지지 않는 한은 실물의 보급은 없는 것이나. HEV(하이브리드 전기자동차)와 PHEV(외부충전이 가능한 하이브리드 전기자동차)는 이미 경험을 쌓고 있지만 시스템의 중량과 폐기 단계까지 포함한 Life Cycle에서 정말로 장점이 있을지 없을지는 조금 의문이다.

흔히 「중국 정부는 2020년까지 500만대 이상의 EV, PHEV, FCEV를 보급시킨다.」고 선언했지만 이 정부의 플랜을 냉정히 검증해 보면 그리 대단치 않다.

2012년의 이들 전동차량의 중국 국내 판매 실적은 정부가 공식적으로는 인정하지 않는 저속 EV를 포함시키더라도 10만대에 다다르지 않는다. 앞으로 7년간에 500만대를 도입했다고 하더라도 그것은 8년간에 상정되는 자동차 판매대수 1억9000만대 중의 2.6%에 지나지 않는다. 일본이 연간 600만대 시장이라고 가정하면 2.6%는 연간 15만 6000대

이다.

미디어 중에는 「이제 와서 내연기관이라니 구식이다」라는 논조가 있지만 그것은 인식 부족도 이만저만이 아니다. 내연기관의 시대는 이제부터인 것이다. 확실히 전기(電氣)에는 가능성도 있지만 전기를 모아두는 것이 어렵다. 체적 당 에너지의 양으로 비교하면 연구 단계인 차세대 2차 전지라도 가솔린의 1000분의 1의 자리 수에 지나지 않는다. 우리가 상업 잡지로서 압축비라는 매우 마이너 분야에서 특집을 다루려고 결의한 배경은 여기에 있다. 지금이야말로 엔진의 연구를 가속하지 않으면 안 된다. 전략적인 시야에서의 산학협력이나 행정에 의한 지원도 필수이다. 이점을 특집을 끝내며, 말해두고 싶다.

사진 & 일러스트로 보는 꿈의 자동차 기술

Motor Fan
illustrated

"모터팬은 계속 진화하고 있습니다."

Vol 1
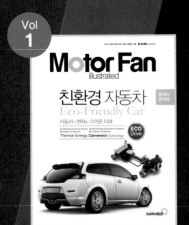
친환경자동차

Vol 2

F1 머신
하이테크의 비밀

Vol 3
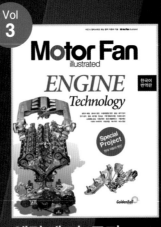
엔진 테크놀로지

Vol 4

하이브리드의 진화

Vol 9

자동차 디자인

Vol 10
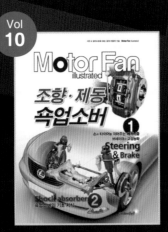
조향 · 제동 속업소버

Vol 11

전기 자동차 기초 &
하이브리드 재정의

Vol 12

신소재 자동차 보디

Vol **5**

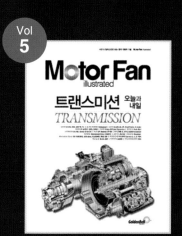

트랜스미션
오늘과 내일

Vol **6**

가솔린 · 디젤
엔진의 기술과 전략

Vol **7**

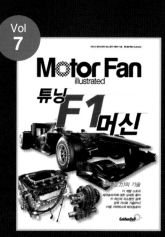

튜닝 F1 머신
공력의 기술

Vol **8**

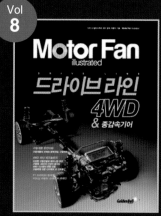

드라이브 라인
4WD & 종감속기어

Vol **13**

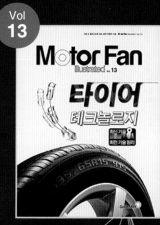

타이어 테크놀로지

Vol **14**

자동변속기 · CVT

Vol **15**

디젤 엔진의 테크놀로지

Vol **16**

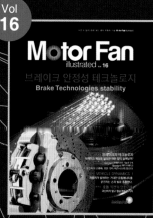

**브레이크 안정성
테크놀로지**

사진 & 일러스트로 보는 꿈의 자동차 기술

Motor Fan
illustrated

MFi 과월호 안내

구입은 www.gbbook.co.kr 또는 영업부 Tel_ 02-713-4135로 연락주시길 바랍니다.
본 서적은 일본의 삼영서방과 도서출판 골든벨의 **재고량에 따라** 미리 소진될 수 있음을 알려 드립니다.

Vol.1 디젤 신시대

Vol.2 재고없음 하이브리드차의 능력

Vol.3 최신 서스펜션도감

Vol.4 패키징 & 스타일링론

Vol.5 재고없음 엔진 기초지식과 최신기술

Vol.6 4WD 최신 테크놀로지

Vol.7 안전기술의 현재

Vol.8 재고없음 트랜스미션

Vol.9 ITS 고도정보화 교통시스템

Vol.10 재고없음 보디 컨스트럭션

Vol.11 조향·브레이크의 테크놀로지

Vol.12 쇽업소버의 테크놀로지

Vol.13 과급 엔진 테크놀로지

Vol.14 엔진의 배기다기관 디자인

Vol.15 최신 자동차기술총감

Vol.16 Electric Drive

Vol.17 랜서 에볼루션

Vol.18 자동차의 플랫프레임

Vol.19 로터리 엔진

Vol.20 수평대향 엔진 테크놀로지

Vol.21 변속기 진화론

Vol.22 차세대 자동차 개발 최전선

Vol.23 에어로 다이나믹스 자동차의 공력 개발

Vol.24 구동계 완전 이해

Vol.25 디젤의 역량

Vol.26 가솔린의 테크놀로지

Vol.27 최신 자동차기술총감 (2008~2009)

Vol.28 배기열 이용의 테크놀로지

Vol.29 시트의 테크놀로지

Vol.30 레이싱 엔진

Vol.31 독일 엔진

Vol.32 미드십 레이아웃